新编21世纪高等职业教育精品教材
装备制造类

电工技术项目化教程

主　编◎王　选　席　艳
副主编◎孙丽君　郑　红　刘　璐　牟少芳
参　编◎单英杰　张月桥　杨延峰　赵　倩
李存方　张　旭　汪彦慧　马时凯

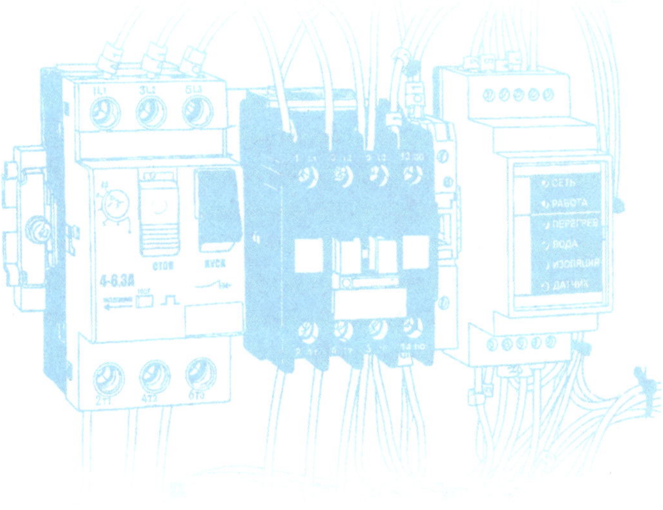

中国人民大学出版社
·北京·

前　言

党的二十大报告指出，教育、科技、人才是全面建设社会主义现代化国家的基础性、战略性支撑。教育是国之大计、党之大计。职业教育是我国教育体系的重要组成部分，肩负着“为党育人、为国育才”的神圣使命。本教材以习近平新时代中国特色社会主义思想为指导，深入贯彻落实党的二十大精神，将思想道德建设与专业素质培养融为一体，着力培养爱党爱国、敬业奉献，具有工匠精神的高素质技能人才。

本教材以“满足电工职业岗位要求，培养新时代复合型技术技能人才”为宗旨，本着“淡化理论、重在应用、体现标准、产教融合”的原则精心编写，致力于帮助学生获得必要的知识、方法和技能，促进学生全面发展。本教材的主要特点如下：

适应性：适应企业人才需求和职业岗位培养要求，以实际工作项目为载体，基于职业岗位要求划分知识点、能力点和素质点，并渗透到课堂教学活动中。

实用性：紧扣企业对毕业生在知识、能力和素质方面的职业岗位要求，突出实用性。

先进性：引入新知识、新技术、新工艺和新方法，实现教材内容与现实生产技术发展的密切融合。

立德树人：将科技报国的理想信念、大国工匠精神、科学家精神与专业知识有效融合，切实发挥立德树人的“主渠道”功能。

本教材主要知识点均配有对应的微课、动画和题库资源，方便教师进行数字化教学。

本教材由烟台职业学院的王选、席艳任主编；烟台职业学院的孙丽君、郑红、刘璐及烟台文化旅游职业学院的牟少芳任副主编；烟台职业学院的单英杰、张月桥、杨延峰、赵倩、张旭、汪彦慧、马时凯与青岛登亿自动化科技有限公司的李存方参与编写。具体分工如下：项目1由王选、张旭编写，项目2由席艳编写，项目3由孙丽君、刘璐编写，项目4由张月桥、汪彦慧编写，项目5由单英杰、郑红编写，项目6由牟少芳编写，实操演练由李存方指导，马时凯、杨延峰和赵倩参与了教材的课件制作与题库开发。教材编写过程中得到了青岛登亿自动化科技有限公司的大力支持与帮助，特此表示感谢！

由于时间仓促，加之编者水平有限，教材中难免存在疏漏之处，恳请广大读者批评指正。

编　者

目 录

微课索引

名师微课

续表

名称	二维码	页码	名称	二维码	页码
戴维南定理		62	变压器同名端的判别方法		154
安全用电常识 1		87	变压器变比的测定		156
安全用电常识 2		87	磁路物理量		163
交流电量测量		103	磁路欧姆定律		169
日光灯控制电路		108	交流铁芯线圈		171
正弦交流电量的基本概念		111	变压器的工作原理		173

仿真动画

项目 1

电路元件与万用表的认识

项目任务单

<table>
<tr><td>项目描述</td><td colspan="4">电路元件是构成电路的基础，熟悉各类电路元件的性能、特点和用途，对设计、安装、调试电路十分重要。由于万用表的功能强大、用途广泛，因此电工从业人员必须掌握正确使用万用表的方法。</td></tr>
<tr><td>项目载体</td><td colspan="4"></td></tr>
<tr><td>项目目标</td><td colspan="4">知识目标
（1）掌握电路中常用电路元件的种类、特性以及命名的方法。
（2）了解电路元件参数获取的途径和方法。
（3）掌握万用表的工作原理及使用方法。
（4）掌握常用电路元件的测量方法。
能力目标
（1）会识别电路元件。
（2）会使用万用表测量电路元件的性能参数。
素质目标
（1）培养学生通过各种媒体资源查找所需信息，自主学习新知识、新技术的能力。
（2）提高学生理论联系实际，正确认识问题、分析问题、解决问题的能力。</td></tr>
<tr><td rowspan="3">学习任务</td><td>任务序号</td><td>任务名称</td><td>学时安排</td><td>备注</td></tr>
<tr><td>任务 1</td><td>电路基本元件的认识</td><td>4 学时</td><td></td></tr>
<tr><td>任务 2</td><td>万用表及其使用方法</td><td>4 学时</td><td></td></tr>
</table>

任务 1　电路基本元件的认识

一、任务目标

（1）熟悉电路基本元件的定义、分类、型号、参数和标注方法。
（2）能正确识别电阻器、电容器、二极管和三极管等电路元件的参数。

动画：常用元器件的识别与测量

二、任务内容

识别电阻器、电容器、二极管和三极管的型号和参数。

三、任务器材（见表 1 - 1）

表 1 - 1　任务器材清单

任务器材	电阻器	电容器	二极管	三极管
数量	10 个	10 个	10 个	10 个

四、任务步骤

1. 电阻器的识别

根据提供的固定电阻器进行型号识别，并将结果填入表 1 - 2。

表 1 - 2　固定电阻器型号的识别

标注方法	型号	标称值或色环读数阻值	备注
直标法			
色环法			

2. 电容器的识别

根据提供的电容器进行型号识别，并将结果填入表 1 - 3。

表 1-3　电容器型号的识别

电容器的类别与型号	标称容量	耐压值	允许误差

3. 二极管的识别

根据提供的二极管进行型号识别，然后查找该二极管的参数，并将结果填入表 1-4。

表 1-4　二极管型号的识别

型号	最大整流电流	反向工作峰值电压	反向峰值电流	最高工作频率	备注

4. 三极管的识别

根据提供的三极管进行型号识别，然后查找该三极管的参数，并将结果填入表 1-5。

表 1-5　三极管型号的识别

三极管型号	NPN/PNP 判断	放大倍数	功耗	工作频率

五、注意事项

(1) 进行电路基本元件型号识别前，应充分了解该元件的命名方式。

(2) 务必正确判断元件的正负极。

六、任务考核

班级		姓名		组号		扣分记录	得分
项目	配分	考核要求		评分细则			
电阻器的识别	25 分	能正确进行电阻器的识别		(1) 不能掌握直标法，扣 5 分； (2) 不能掌握色环法，扣 5 分； (3) 识别错误，每次扣 5 分			

续表

班级		姓名		组号		扣分记录	得分
项目	配分	考核要求		评分细则			
电容器的识别	20分	能正确进行电容器的识别		(1) 判断不出标称容量，扣5分； (2) 判断不出耐压值，扣5分； (3) 判断不出允许误差，扣5分			
二极管的识别	20分	能正确进行二极管的识别		(1) 不知道二极管型号的含义，扣10分； (2) 识别错误，每次扣5分			
三极管的识别	25分	能正确进行三极管的识别		(1) 不知道三极管型号的含义，扣10分； (2) 识别错误，每次扣5分			
安全文明操作	10分	(1) 安全用电，无人为损坏仪器、元件和设备的现象； (2) 保持环境整洁、秩序井然，操作习惯良好； (3) 小组成员团结协作，工作态度端正； (4) 不迟到、不早退、不旷课		(1) 违反操作规程，每次扣5分； (2) 工作场地不整洁，扣5分			
总分							

任务 2 万用表及其使用方法

一、任务目标

（1）掌握万用表的基本使用方法。

（2）能使用万用表对电路基本元件进行检测，判断其质量好坏，且测量其基本参数。

动画：台式数字万用表

二、任务内容

识别电阻器、电容器、二极管和三极管的型号，使用万用表进行检测，判断其质量好坏，且测量其基本参数。

三、任务器材（见表 1－6）

表 1－6 任务器材清单

任务器材	电阻器	电容器	二极管	三极管	万用表
数量	10 个	10 个	10 个	10 个	1 个

四、任务步骤

1．电阻器的测量

根据提供的固定电阻器，用万用表欧姆挡进行测量，并将结果填入表 1－7。

表 1－7 电阻器的测量

序号	标称阻值	万用表挡位选择	测量阻值	误差	电阻器合格与否判断
1					
2					
3					
4					
5					
6					
7					
8					
9					
10					

2．电容器的测量

根据提供的电容器，用万用表进行测量，并将结果填入表 1－8。

表 1-8　电容器的测量

电容器的类别与型号	万用表挡位	测试分析	电容器合格与否判断

3. 二极管的测量

根据提供的二极管进行型号识别，然后用万用表进行测量，并将结果填入表 1-9。

表 1-9　二极管的测量

型号	万用表挡位	正向特性测试	反向特性测试	测试分析	备注

4. 三极管的测量

根据提供的三极管进行型号识别，然后用万用表进行测量，并将结果填入表 1-10。

表 1-10　三极管的测量

型号	万用表挡位	放大倍数	引脚排列	NPN/PNP 判断	测试分析

五、注意事项

(1) 进行电路基本元件测试前，应充分了解万用表的使用方法。

(2) 测试电路基本元件时，注意变换万用表的挡位。

六、任务考核

班级		姓名		组号		扣分记录	得分
项目	配分	考核要求		评分细则			
电阻器的测量	25 分	能正确进行电阻器的测量		(1) 不能掌握万用表的用法，扣 5 分； (2) 不能正确设置万用表挡位，扣 5 分； (3) 测量错误，每次扣 5 分			

续表

班级		姓名		组号		扣分记录	得分
项目	配分	考核要求		评分细则			
电容器的测量	20 分	能正确进行电容器的测量		(1) 不能掌握万用表的用法，扣 5 分； (2) 判断不出元件合格与否，扣 5 分			
二极管的测量	20 分	能正确进行二极管的测量		(1) 不能掌握万用表的用法，扣 5 分； (2) 分析错误，每次扣 5 分			
三极管的测量	25 分	能正确进行三极管的测量		(1) 不能掌握万用表的用法，扣 5 分； (2) 分析错误，每次扣 5 分			
安全文明操作	10 分	(1) 安全用电，无人为损坏仪器、元件和设备的现象； (2) 保持环境整洁、秩序井然，操作习惯良好； (3) 小组成员团结协作，工作态度端正； (4) 不迟到、不早退、不旷课		(1) 违反操作规程，每次扣 5 分； (2) 工作场地不整洁，扣 5 分			
总分							

笔记栏

知识链接

一、电路基本元件

电路基本元件的种类繁多，常用的有电阻器、电容器、二极管和三极管等。

（一）电阻器

具有一定阻值、一定几何形状、一定技术性能的在电路中起特定作用的元件，叫作电阻器（简称电阻），物体对电流的阻碍作用称为物体的电阻。电阻是电工电子设备中使用最多的基本元件之一，也是任何电路中不可缺少的元件。电阻在电路中的主要作用是缓冲、负载、分压分流、保护等。国家标准规定的电阻的图形符号如图 1-1 所示。

图 1-1　国家标准规定的电阻的图形符号

电阻的基本单位是欧姆（Ω）。在实际应用中，常用单位有千欧（kΩ），兆欧（MΩ）等，其换算关系为：

$$1\text{M}\Omega=10^3\text{k}\Omega=10^6\Omega$$

1. 电阻的分类

电阻通常按照以下方式分类。

按结构分：固定电阻、可变电阻、敏感电阻。

按外形分：圆柱形电阻、管形电阻、方形电阻、片状电阻、集成电阻。

按用途分：普通型电阻、精密型电阻、功率型电阻、高压型电阻、高阻型电阻、高频型电阻、保险型电阻。

按材料分：合金型电阻、薄膜型电阻、合成型电阻。

（1）合金型：用块状电阻合金拉制成合金线或碾成合金箔片，制成电阻。如线绕电阻，精密合金箔电阻等。

（2）薄膜型：在玻璃或陶瓷基体上沉积一层电阻薄膜，膜的厚度一般在几微米以下，薄膜材料有碳膜、金属膜、化学沉积膜、金属氧化膜等。

（3）合成型：电阻体由导电颗粒（石墨、碳黑）和有机（无机）粘接剂混合而成，可以制成薄膜或实芯两种类型。

电阻的种类有很多，其中碳膜电阻（RT）、金属膜电阻（RJ）、线绕电阻（RX）和片状电阻使用较多。电阻的常见外形如图 1-2 所示。

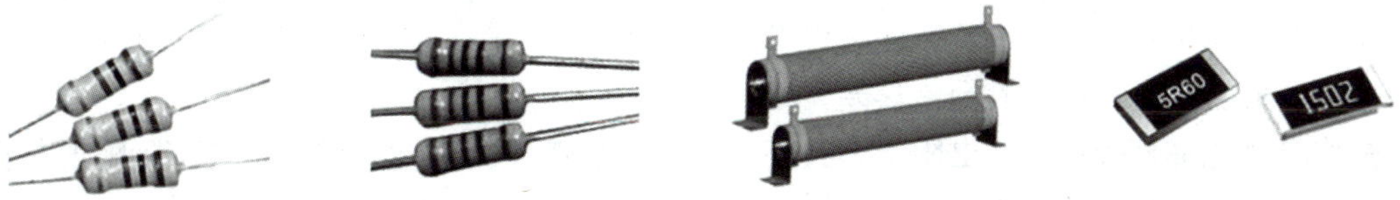

（a）碳膜电阻　（b）金属膜电阻　（c）线绕电阻　（d）片状电阻

图 1-2　电阻的常见外形

笔记栏

2. 电阻的型号

根据国家标准规定，电阻的型号一般由四部分组成，具体如图 1－3 所示。

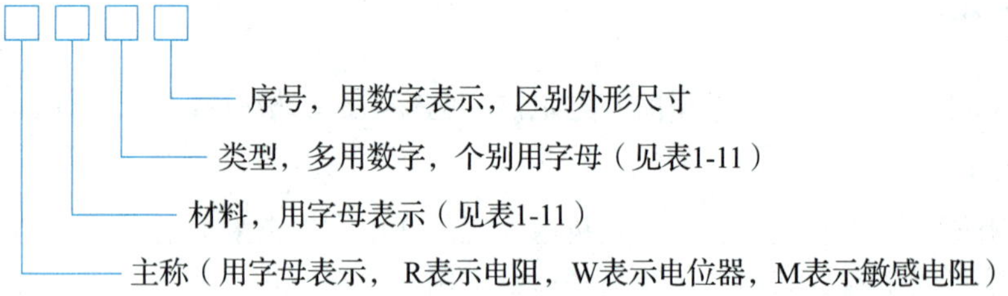

图 1－3　电阻的型号组成

电阻的型号命名意义见表 1－11。

表 1－11　电阻的型号命名意义

第一部分（主称）		第二部分（材料）		第三部分（类型）		第四部分（序号）
字母	含义	字母	含义	数字或字母	产品类型	用数字表示
R	固定电阻器	T	碳膜	1	普通型	常用个位数或无数字表示
		P	硼碳膜	2	普通型	
		U	硅碳膜	3	超高频	
		H	合成膜	4	高阻型	
		I	玻璃釉膜	5	高阻型	
		J	金属膜	6	—	
		Y	氧化膜	7	精密型	
		S	有机实芯	8	高压型	
		N	无机实芯	9	特殊型	
		X	线绕	G	高功率	
		C	沉积膜	T	可调	
		—	—	W	微调	
		—	—	D	多圈	

例如："RJ71"表示精密型金属膜电阻。

3. 电阻的主要参数

电阻的主要参数包括标称阻值、额定功率、精度、最高工作温度、最高工作电压、噪声参数及高频特性等。在挑选电阻的时候主要考虑其阻值、额定功率及精度。至于其他参数，如最高工作温度、高频特性等只在特定的条件下才予以考虑。

（1）电阻的标称阻值及其允许误差。

标称阻值通常直接标注在电阻上，其基本单位为欧姆（Ω）。允许误差是指实际阻值与标称阻值之间允许的最大偏差范围，一般采用标称阻值的百分数（%）表示。

电阻标称阻值系列及其允许误差见表 1－12。

表 1－12　电阻标称阻值系列及其允许误差

系列	允许误差/%	电阻标称阻值
E24	±5	1.0　1.1　1.2　1.3　1.5　1.6　1.8　2.0　2.4　2.7　3.0　3.3　3.6　3.9 4.3　4.7　5.1　5.6　6.2　6.8　7.5　8.2　9.1
E12	±10	1.0　1.2　1.5　1.8　2.2　2.7　3.3　3.9　4.7　5.6　6.8　8.2
E6	±20	1.0　1.5　2.2　3.3　4.7　6.8

（2）电阻的额定功率。

电阻在电路中长时间连续工作不损坏或不显著改变性能时所允许消耗的最大功率，称为电阻的额定功率。常用电阻的功率与外形尺寸见表 1－13。

表 1－13　常用电阻的功率与外形尺寸

名称	型号	额定功率/W	外形尺寸/mm	
			最大直径	最大长度
超小型碳膜电阻	RT13	0.125	1.8	4.1
小型碳膜电阻	RTX	0.125	2.5	6.4
碳膜电阻	RT	0.25	5.5	18.5
碳膜电阻	RT	0.5	5.5	28.0
碳膜电阻	RT	1	7.2	30.5
碳膜电阻	RT	2	9.5	48.5
金属膜电阻	RJ	0.125	2.2	7.0
金属膜电阻	RJ	0.25	2.8	8.0
金属膜电阻	RJ	0.5	4.2	10.8
金属膜电阻	RJ	1	6.6	13.0
金属膜电阻	RJ	2	8.6	18.5

注：有些 RT 型电阻的型号后标有 0.25、0.5 等数值，如 RT0.25、RT0.5 等，该数值表示额定功率。

电阻是耗能元件，在工作电路中将电能转化为热能释放。如果耗能太多，将会被烧毁。电阻的额定功率不是电阻在实际工作时所必须消耗的功率，而是电阻在工作时允许消耗功率的限制。为防止电阻在电路中被烧毁，选择电阻时，应使额定功率高于实际消耗功率的 1.5～2 倍。

常用电阻的功率有 1/8W、1/4W、1/2W、1W、2W 等。对于 2W 以上的电阻，一般直接将功率印在电阻上。在电路原理图中，电阻的功率必须标注出来，如果电阻符号上没有标注额定功率，则说明对功率没有要求，此时一般用 1/8～1/4W 的电阻。在电路原理图中表示功率时，常采用图 1－4 所示的符号。

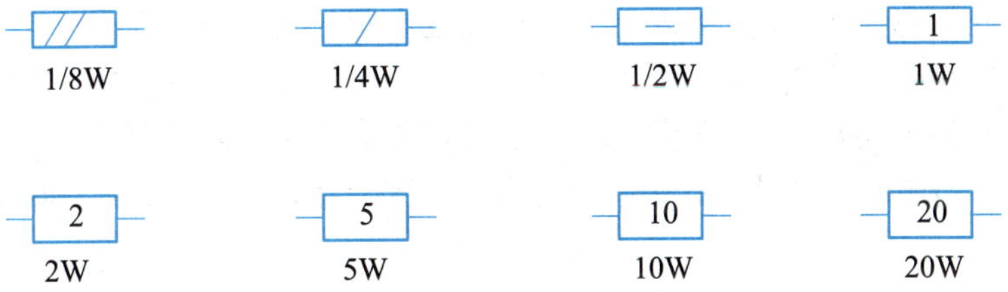

图 1－4　电阻的功率的表示方法

笔记栏

（3）电阻的阻值的标注方法。

阻值的标注方法有直标法、文字符号法、数码表示法和色环标注法四种。

①直标法。直标法就是将电阻的阻值用数字和文字符号直接标在电阻体上。直标法主要用于体积较大（功率大）的电阻，其允许误差则用百分数表示，未标误差的电阻为±20%的允许误差。电阻直标法如图 1－5 所示。

图 1－5　电阻直标法

②文字符号法。文字符号法就是将电阻的标称值和误差用数字和文字符号按一定的规律组合标在电阻体上。标注时，为了解决小数点印刷不清或被遗漏的问题，常常用电阻的单位来代替小数点，如 5.7k 标注为 5k7，3 300M 标注为 3G3，0.1Ω 标注为 R10，1Ω 标注为 1R。电阻文字符号法如图 1－6 所示。

③数码表示法。数码表示法是在电阻体的表面用三位数字或两位数字加 R 来表示标称值。该方法常用于贴片电阻、排阻等。标注为“103”的电阻的阻值为 $10\times10^3=10\text{k}\Omega$，如图 1－7 所示；标注为“472”的电阻的阻值为 $47\times10^2=4.7\text{k}\Omega$。需要注意的是，要将这种标注法与直标法区别开，如标注为 220 的电阻，其阻值为 22Ω，只有标注为 221 的电阻，其阻值才为 220Ω。

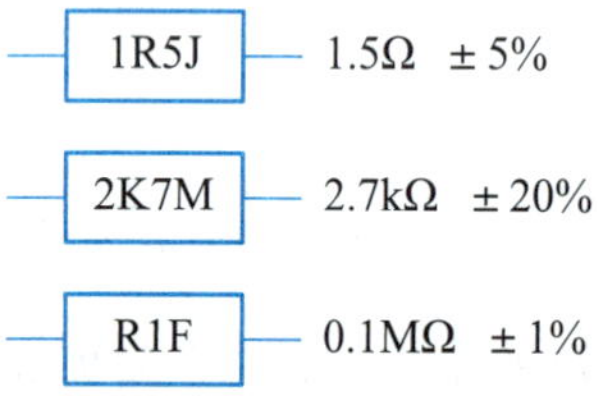

图 1－6　文字符号法

图 1－7　数码表示法

④色环标注法。色环标注法简称色标法，是将电阻的类别及主要技术参数的数值用颜色（色环或色点）标注在电阻体上。四环、五环电阻各色环含义如图 1－8 所示。

4. 常用电阻

（1）碳膜电阻。

碳膜电阻是在陶瓷管架上高温沉积碳氢化合物的电阻材料，并在其表面涂上环氧树脂密封保护而制成的。它是一种膜式电阻，其表面常涂以绿色保护漆。碳膜的厚度决定阻值的大小。

碳膜电阻具有稳定性好、高频特性好、固有噪声电动势小、阻值范围宽、工作温度范围广等特点，包装方式有带装、散装。碳膜电阻适用于交流、直流和脉冲电路。碳膜电阻如图 1－9 所示。

（2）金属膜电阻。

金属膜电阻是在陶瓷管架上用真空蒸发或烧渗法形成金属膜（镍铬合金）制成的。

笔记栏

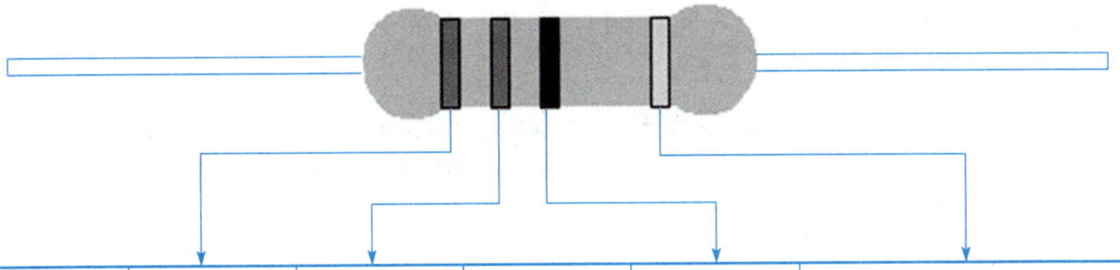

颜色	每一段	每二段	每三段	乘数	误差	
黑色	0	0	0	1		
棕色	1	1	1	10	± 1%	F
红色	2	2	2	100	± 2%	G
橙色	3	3	3	1k		
黄色	4	4	4	10k		
绿色	5	5	5	100k	± 0.5%	D
蓝色	6	6	6	1M	± 0.25%	C
紫色	7	7	7	10M	± 0.10%	B
灰色	8	8	8		± 0.05%	A
白色	9	9	9			
金色				0.1	± 5%	J
银色				0.01	± 10%	K
无					± 20%	M

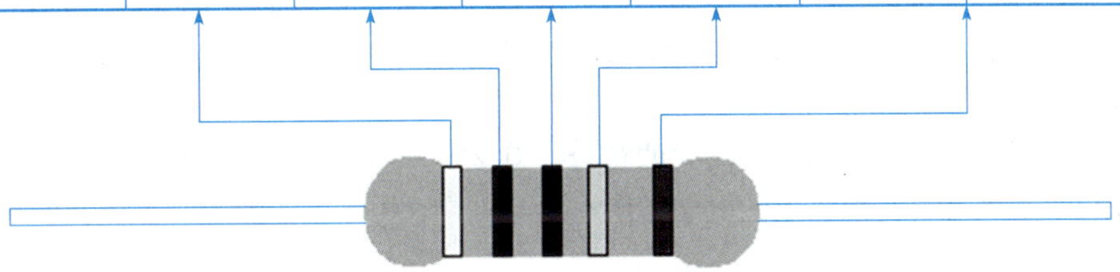

图 1-8　四色环、五色环标注法

金属膜电阻具有功率负荷大、体积小、温度系数小、电流噪声小、耐热、稳定性能高、高频特性好、精度高、阻值范围宽等特点。它作为精密和高稳定性电阻适用于各种无线电电子设备。金属膜电阻如图 1-10 所示。

图 1-9　碳膜电阻

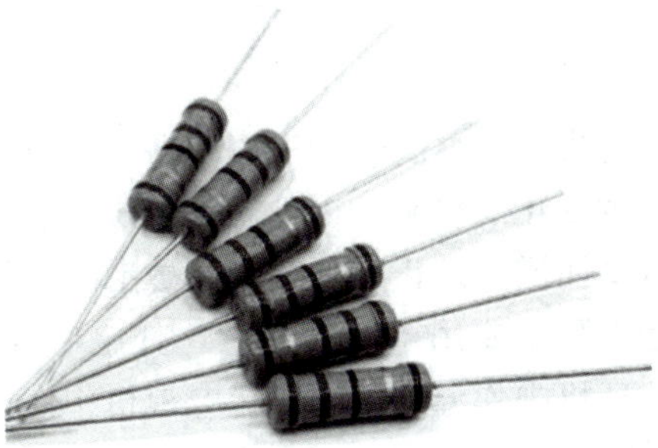

图 1-10　金属膜电阻

碳膜电阻与金属膜电阻的外观非常相似，如何区分呢？

①方法一：与碳膜电阻相比，金属膜电阻只是用合金粉替代了结晶碳，故除具有碳膜电阻的特性外，能耐更高的工作温度。金属膜的外表多为蓝色，碳膜的为土黄色或其他颜色。

②方法二：从外观看，金属膜的为五环（1%），碳膜的为四环（5%）。

笔记栏

③方法三：用刀片刮开保护漆，露出的膜的颜色为黑色则为碳膜电阻，为亮白色则为金属膜电阻。

④方法四：由于金属膜电阻的温度系数比碳膜电阻小得多，因此可以先用万用表测量阻值，然后用烧热的电烙铁靠近电阻再测量。如果此时阻值变化很大，则为碳膜电阻，反之则为金属膜电阻。

（3）线绕电阻。

线绕电阻是一种在绝缘的核芯外面缠绕镍铬合金等金属丝所制成的电阻，可分为固定式和可调式两种。通过改变缠绕金属丝的长度，可以精确调整线绕电阻的阻值，制成精度高达0.1%的极高精度电阻。由于这种电阻材料能耐高温，因此通过增大电阻丝直径的方法，还可以制成大功率电阻。

线绕电阻具有体积大、阻值较低、阻值精度极高、工作噪声小、性能稳定、耐高温等特点（环境温度170℃时仍能正常工作）。由于结构方面的原因，其分布电容和电感系数都比较大，不能在高频电路中使用，通常在大功率电路中作降压或负载等用。线绕电阻如图1-11所示。

（4）水泥电阻。

水泥电阻是将电阻线绕在无碱性耐热瓷件上，外面加上耐热、耐湿、耐腐蚀的材料保护固定，再把绕线电阻体放入方形瓷器框内，用特殊不耐燃性的热水泥充填密封而成。水泥电阻的外侧主要是陶瓷材质。

水泥电阻具有耐震、耐湿、耐热、电阻温度系数小、耐短时间超负载、低杂音、阻值经年无变化、防爆性能好等优点。水泥电阻的缺点包括体积大、使用时发热量高且热量不易散发、精密度往往不能满足使用要求等。高电阻值的水泥电阻采用包裹金属氧化皮膜的方式代替绕线方式制成。

水泥电阻通常用于功率大、电流大的场合，有2W、3W、5W、10W甚至更大的功率。空调、电视机等功率在百瓦级以上的电器常用水泥电阻。水泥电阻如图1-12所示。

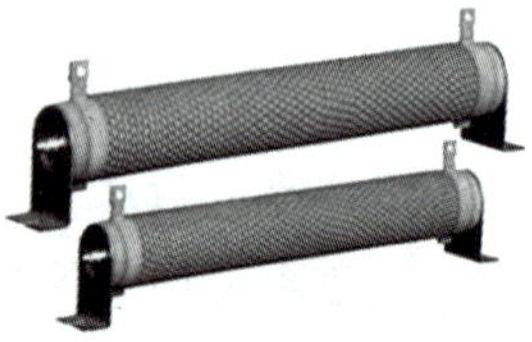

图1-11　线绕电阻

图1-12　水泥电阻

（5）热敏电阻。

热敏电阻是以钛酸钡为主要原料，辅以微量的锶、钛、铝等化合物加工制成的，是一种电阻值随温度变化的电阻，可分为阻值随温度升高而减小的负温度系数热敏电阻（MF）和阻值随温度升高而增大的正温度系数热敏电阻（MZ）。这两种电阻又可细分为缓变型和突变型。

热敏电阻主要用于温度测量，如电磁灶控温、火灾报警、气象探空、微波和激光功率测量，在收音机中作温度补偿，在电视机中作消磁限流电阻。

（6）贴片电阻。

贴片电阻常用在高集成度的电路板上，它的体积很小，其上分布的电感、电容也很小，因此非常适合在高频电路中使用，是现代电路板设计的首选元件。贴片电阻一般用自动安装机安装，因此对电路板的设计精度有很高的要求。

（二）电容器

电容器简称电容，是由两个相互靠近的金属电极板中间夹一层电介质制成。电容主要用于

笔记栏

调谐、滤波、耦合、旁路、能量转换和延时等。电容是电路中最常用、最基本的电子元件之一，也是电工电子设备中必不可少的基本元件。国家标准规定的电容的图形符号如图 1－13 所示。

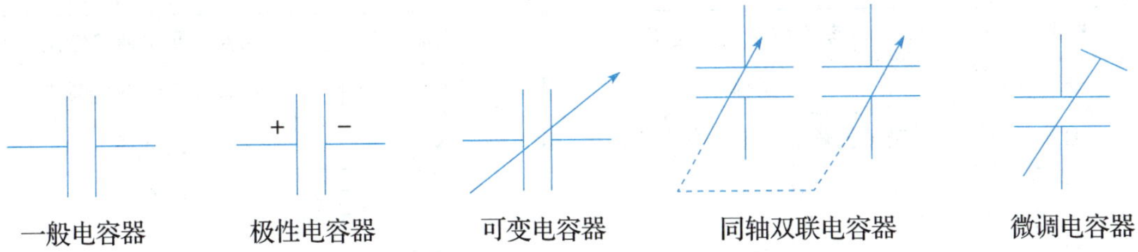

图 1－13 国家标准规定的电容的图形符号

电容的基本单位是法拉（F）。在实际应用中，常用单位有皮法（pF）、纳法（nF）、微法（μF）等，其换算关系为：

$$1\text{F}=10^{6}\mu\text{F}=10^{9}\text{nF}=10^{12}\text{pF}$$

1. 电容的分类

电容通常按照以下方式分类。

（1）按结构分：固定电容、微调电容、可变电容。

（2）按介质材料分：气体介质电容、液体介质电容、无机固体介质电容、电解电容。

（3）按阳极材料分：铝电解电容、钽电解电容、铌电解电容、钛电解电容等。

（4）按极性分：极性电容、无极性电容。

电容的形状很多，图 1－14 所示为常用电容的外形。

图 1－14 常用电容的外形

2. 电容的型号

根据国家标准，电容的型号一般由四部分组成，具体如图 1－15 所示。

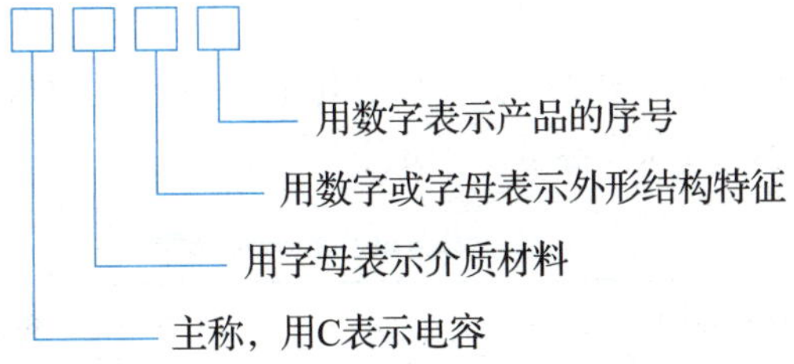

图 1－15 电容的型号组成

笔记栏

电容介质材料的字母表示见表 1-14。

表 1-14　电容介质材料的字母表示

字母	电容介质材料的含义	字母	电容介质材料的含义
A	钽电解	L	聚酯等极性有机薄膜
B	聚苯乙烯等非极性有机薄膜	N	铌电解
C	高频陶瓷	O	玻璃膜
D	铝电解	Q	漆膜
E	其他材料电解	T	低频陶瓷
G	合金电解	V	云母纸
H	纸膜复合	Y	云母
I	玻璃釉	Z	纸
J	金属化纸		

电容分类的数字表示见表 1-15。

表 1-15　电容分类的数字表示

数字	瓷介电容器	云母电容器	有机电容器	电解电容器
1	圆形	非密封	非密封	箔式
2	管形	非密封	非密封	箔式
3	叠片	密封	密封	烧结粉，非固体
4	独石	密封	密封	烧结粉，固体
5	穿心	—	穿心	—
6	支柱等	—	—	—
7	—	—	—	无极性
8	高压	高压	高压	—
9	—	—	特殊	特殊

例如："CCG1"表示高功率高频陶瓷瓷介电容。

3. 电容的主要参数

电容的主要参数包括标称容量、允许误差、耐压值、绝缘电阻及漏电流、损耗因数、温度系数等。挑选电容的时候主要考虑其标称容量、耐压值。至于其他参数，只在特定的条件下才予以考虑。

（1）电容的标称容量。

电容的容量是指电容储存电荷的能力。标注在电容外壳上的电容量称为标称容量，国家标准规定了一系列容量值作为产品标称容量。固定电容的标称容量见表 1-16。

表 1-16　固定电容的标称容量

标称值	最大误差	偏差等级	标称值（数值）
E24	±5%	I	1.0　1.1　1.2　1.3　1.5　1.6　1.8　2.0　2.2　2.4　2.7　3.0 3.3　3.9　4.3　5.1　5.6　6.2　6.8　7.5　8.2　9.1

笔记栏

续表

标称值	最大误差	偏差等级	标称值（数值）
E12	±10%	Ⅱ	1.0　1.2　1.5　1.8　2.2　2.7　3.3　3.9　4.7　5.6　6.8　8.2
E6	±20%	Ⅲ	1.0　1.5　2.2　3.3　4.7　6.8

（2）电容的耐压值。

电容长期连续可靠工作时，两电极间承受的最高电压称为电容的额定工作电压，简称电容的耐压。固定电容的直流额定工作电压等级为6.3V、10V、16V、25V、32V、50V、63V、100V、160V、250V、400V等。

（3）电容的容量标注方法。

电容的容量标注方法有直标法、数码表示法和色标法三种。

①直标法。小于10 000pF的电容，一般只标注数值而省去单位，如“330”表示330pF。10 000～1 000 000pF的电容，以μF为单位，以小数点为标志，只标注数值而省去单位，如“0.1”表示0.1μF，“0.022”表示0.022μF。电解电容以μF为单位直接标印在电容器上，如“100μF/16V”表示标称容量为100pF，耐压为16V。电容的容量直标法如图1-16所示。

②数码表示法。用三位数字表示容量大小，前两位是容量的有效数字，第三位是零的个数。单位为pF，如“103”表示$10\times10^3=10\ 000$pF，“224”表示$22\times10^4=220\ 000$pF$=0.22$μF。如果第三位是9，则乘以10^{-1}，如“339”表示$33\times10^{-1}=3.3$pF。电容的容量数码表示法如图1-17所示。

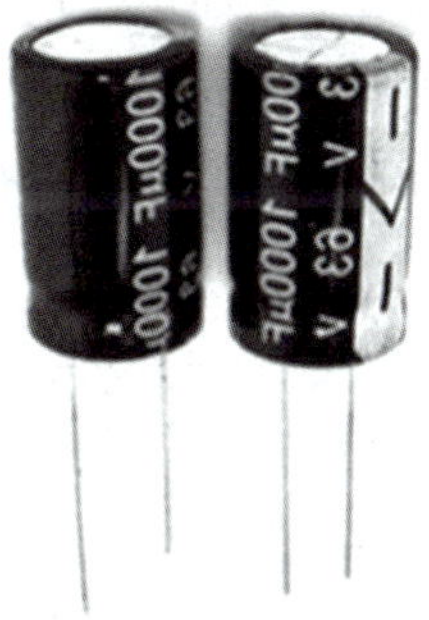

图1-16　直标法

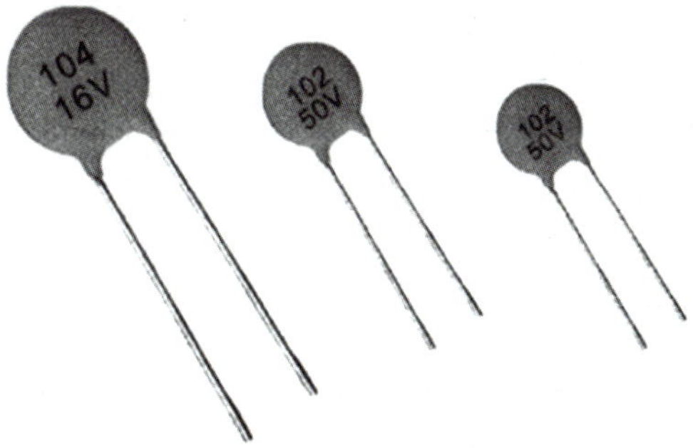

图1-17　数码表示法

③色标法。电容的色标法与电阻的色标法基本相同，此处不再赘述。

4. 常用的电容

（1）电解电容。

电解电容以金属（正）和电解质（负）作电容的两个电极板，以金属氧化膜作电介质。

氧化膜厚度为纳米级（一般为几十纳米），由于介质薄，因此可以做到容量大、体积小、耐压高（但耐压越高，体积也就越大），一般在500V以下。电解电容有正、负极之分（外壳为负端，另一接头为正端）。一般电容外壳上都标有“+”“−”记号，如未标记号，则引线长的为“+”端，引线短的为“−”端，使用时必须注意不要接反，若接反，电解作用会反向进行，氧化膜很快变薄，漏电流急剧增加。如果所加的直流电压过大，则电容会很快发热，甚至爆炸。

在结构和工艺上采取某种措施后，可制成无极性的电容或交流电解电容。电解电容的使用温度一般为−20℃～85℃，常用于交流旁路和滤波。电解电容的外形如图1-18（a）所示。

笔记栏

(a) 电解电容　　(b) 云母电容　　(c) 纸介电容

图 1－18　电容的外形

(2) 云母电容。

云母电容可分为箔片式和被银式。用金属箔或在云母片上喷涂银层作电极板，电极板和云母片一层一层叠合后，再压铸在胶木粉中或封固在环氧树脂中制成，多为方块状。

云母电容采用天然云母作为电容极间的介质，具有耐压高、介质损耗小、绝缘电阻大、温度系数小等优点。它的缺点是受介质材料的影响，容量不能做得太大，一般为 10～10 000pF，且造价相对其他电容要高。

云母电容是性能优良的高频电容，广泛应用于对电容的稳定性和可靠性要求高的场合，并可用作标准电容。云母电容的外形如图 1－18 (b) 所示。

(3) 纸介电容。

纸介电容用两片金属箔作电极，夹在厚度为 0.008～0.012mm 的电容纸中，卷成圆柱形或扁柱形芯子，然后密封在金属壳或绝缘材料（如火漆、陶瓷、玻璃釉等）壳中制成。

纸介电容的优点是比率电容大、电容范围宽、工作电压高、制造工艺简单、价格便宜、体积较小、能得到较大的电容量。缺点是稳定性差、固有电感和损耗都比较大，只能应用于低频或直流电路，通常不能在高于 3MHz 的频率上应用。目前已被合成膜电容取代，但在高压环境纸介电容还有一席之地。纸介电容的外形如图 1－18 (c) 所示。

电容的种类很多，还有可变电容、微调电容、涤纶电容、玻璃釉电容、陶瓷电容等。

(三) 电感器

电感器简称电感，又叫电感线圈，是用来存储磁能的器件。电感是由导线在绝缘骨架上单层或多层绕制而成，是常用的电子元件。电感的线圈与线圈之间相互绝缘，利用电磁感应原理工作，常用在滤波、振荡、调谐和扼流等电子电路中。国家标准规定的电感的图形符号如图 1－19 所示。

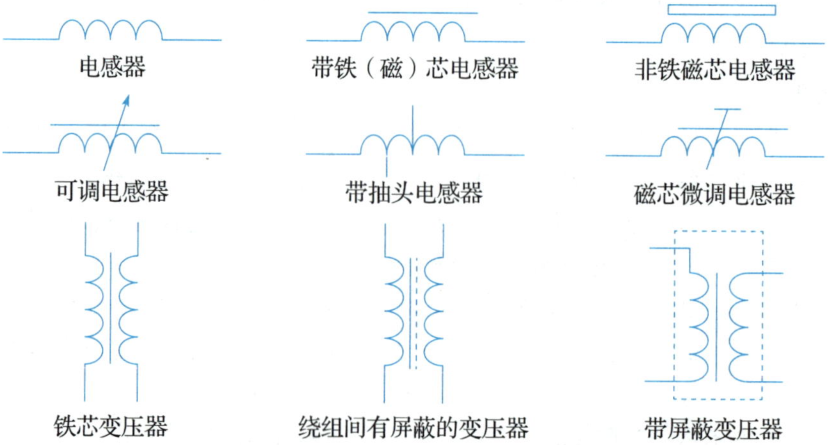

图 1－19　国家标准规定的电感的图形符号

电感的基本单位是亨利（H）。在实际应用中，常用单位有毫亨（mH）、微亨（μH）等，其换算关系为：

$$1H=10^3mH=10^6\mu H$$

1. 电感的分类

电感通常按照以下方式分类。

(1) 按功能分：振荡线圈、扼流圈、耦合线圈、校正线圈和偏转线圈。

(2) 按是否可调分：固定电感、可调电感和微调电感。

(3) 按结构分：空心线圈、磁芯线圈和铁芯线圈。

(4) 按形状分：线绕电感（单层线圈、多层线圈及蜂房线圈）、平面电感（印制板电感、片状电感）。

电感的形状很多，图 1-20 所示为常用电感的外形。

图 1-20　常用电感的外形

2. 电感的主要参数

电感的主要参数包括标称电感量及偏差、固有电容与直流电阻、品质因数（Q 值）、额定电流、稳定性等。

(1) 电感的标称电感量及偏差。

标称电感量符合 E 系列，偏差一般为±5%～±20%。

(2) 电感的品质因数（Q 值）。

品质因数是表示线圈质量的一个重要参数，品质因数在数值上等于线圈在某一频率的交流信号通过时，线圈所呈现的感抗和线圈的直流电阻的比值。线圈工作时，Q 值越大，损耗越小，电路效率越高，选择性越好；反之，越差。

(3) 额定电流。

额定电流是线圈长时间工作所允许通过的最大电流。在某些场合，如高频扼流圈、大功率谐振线圈，以及作滤波用的低频扼流圈，工作时需通过较大的电流，选用时应注意。

(4) 电感的电感量标注方法。

电感量参数一般直接标注在电感上，在中、高频电路中的电感均是特制的，它们的参数以某种型号所代替，如电视机高频调谐器中的电感。

电感量的其他标注方法还有色点标注法和色环标注法。

3. 常用的电感

(1) 扼流线圈。

扼流线圈又称为扼流圈、阻流圈、差模电感，是用来限制交流电通过的线圈，分为高频扼流圈和低频扼流圈。采用开磁路构造设计，具有结构性好、体积小、高 Q 值、低成本等特点，适用于笔记本型计算机、喷墨印表机、影印机、显示监视器、手机、宽频数据机、游戏机、彩色电视机、摄影机、微波炉、照明设备、汽车电子产品等。

利用线圈电抗与频率成正比的关系，可扼制高频交流电流，让低频和直流通过。根据频率高低，可选用空气芯、铁氧体芯、硅钢片芯等。用于整流时称滤波扼流圈；用于扼制声频电流时称声频扼流圈；用于扼制高频电流时称高频扼流圈。用于“通直流、阻交流”的电感线圈称低频扼流圈，用于“通低频、阻高频”的电感线圈称高频扼流圈。扼流线圈如图 1 - 21 所示。

(2) 贴片电感。

贴片电感又称为功率电感、大电流电感、表面贴装高功率电感。具有小型化、高品质、高能量储存和低电阻等特性。贴片电感如图 1 - 22 所示。

图 1 - 21 扼流线圈

图 1 - 22 贴片电感

贴片电感具有以下特点：

①平底表面适合表面贴装。

②优异的端面强度可提供良好的焊锡性。

③具有较高 Q 值，阻抗低。

④低漏磁，低直流电阻，耐大电流。

⑤可提供编带包装，便于自动化装配。

贴片电感主要应用于计算机显示板卡、笔记本计算机，以及脉冲记忆程序设计等。

(四) 二极管

半导体二极管是由一个 PN 结加上相应的电极引线及管壳封装而成的。由 P 区引出的电极称为阳极，N 区引出的电极称为阴极。二极管的符号及外形如图 1 - 23 所示。因为 PN 结具有单向导电性，所以由其制成的二极管也具有单向导电性。二极管导通时电流方向是由阳极通过管子内部流向阴极。

图 1 - 23 二极管的符号及外形

1. 二极管的分类

二极管通常按照以下方式分类。

(1) 按材料分：硅管、锗管等。

笔记栏

(2) 按用途分：普通二极管、整流二极管、稳压二极管。

(3) 按结构分：点接触型、面接触型、硅平面型。

点接触型二极管（一般为锗管）的特点是结面积小，结电容小，允许通过的电流也小，适用于高频电路的检波或小电流的整流，也可用作数字电路里的开关元件；面接触型二极管（一般为硅管）的特点是结面积大，结电容大，允许通过的电流较大，适用于低频整流。硅平面型二极管，结面积较大的可用于大功率整流，结面积较小的可用作脉冲数字电路的开关管。

2. 二极管的伏安特性

(1) 正向特性。

二极管外加正向电压很低时，正向电流几乎为零。当正向电压超过一定数值时，才有明显的正向电流，这个电压值称为死区电压。通常，硅管的死区电压约为 0.5V，锗管的死区电压约为 0.2V。正向电压大于死区电压后，正向电流迅速增长，曲线接近上升直线，在伏安特性的这一部分，当电流迅速增加时，二极管的正向压降变化很小，硅管的正向压降约为 0.6～0.7V，锗管的正向压降约为 0.2～0.3V。

二极管的伏安特性对温度很敏感，温度升高时，正向特性曲线向左移，这说明对应同样大小的正向电流，正向压降随温升而减小。研究表明，温度每升高 100℃，二极管正向压降减小 2mV。

(2) 反向特性。

二极管加上反向电压时，形成很小的反向电流，且在一定温度下它的数量基本维持不变。因此，当反向电压在一定范围内增大时，反向电流的大小基本恒定，而与反向电压的大小无关，故称为反向饱和电流。一般小功率锗管的反向电流可达几十微安，而小功率硅管的反向电流要小得多，一般在 0.1μA 以下。当温度升高时，少数载流子数目增加，使反向电流增大，特性曲线下移。在实际应用中，该电流越小越好。

当二极管的外加反向电压大于一定数值（反向击穿电压）时，反向电流突然急剧增加，称为二极管反向击穿。反向击穿电压一般在几十伏以上。二极管的伏安特性如图 1-24 所示。

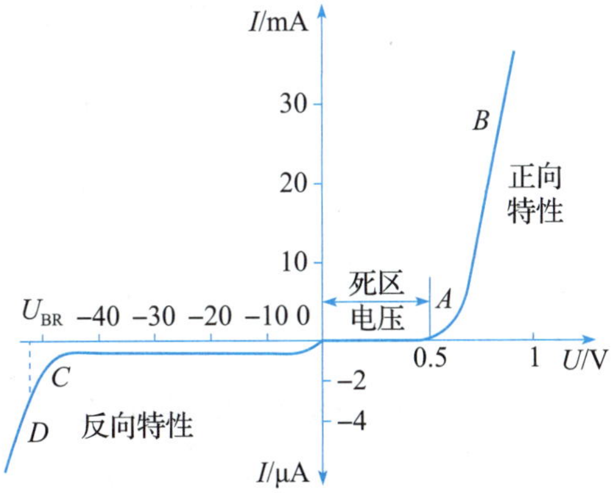

图 1-24 二极管的伏安特性

3. 二极管的主要参数

(1) 最大整流电流 I_{DM}。最大整流电流是指二极管长期工作时，允许通过的最大的正向平均电流。

(2) 最大反向电压 V_{RM}。最大反向电压是指二极管正常工作时，保证二极管不被击穿所允

笔记栏

许的最大反向电压，通常是反向击穿电压的一半左右。

（3）反向峰值电流 I_{RM}。反向峰值电流是指在室温下，二极管加最大反向电压 V_{RM} 时的反向电流值，I_{RM} 越小，二极管的单向导电性越好。硅管的反向电流较小，一般在几微安以下；锗管的反向电流较大，为硅管的几十到几百倍。

（4）最高工作频率 f_m。二极管在外加高频交流电压时，由于 PN 结的电容效应，单向导电作用退化。f_m 是指二极管单向导电作用开始明显退化的交流信号的频率。

（五）三极管

半导体三极管简称三极管，又称为双极型晶体管，它是由两个 PN 结组成的。常见的三极管外形如图 1－25 所示。

图 1－25　常见的三极管外形

1. 三极管的分类

三极管通常按照以下方式分类。

（1）按功率分：大功率管、小功率管。

（2）按工作频率分：高频管、低频管。

（3）按半导体材料不同分：硅管、锗管等。

（4）按结构不同分：NPN 型管、PNP 型管。

无论是 NPN 型还是 PNP 型三极管都分为三个区，分别称为发射区、基区和集电区，由三个区各引出一个电极，分别称为发射极（E）、基极（B）和集电极（C），发射区和基区之间的 PN 结称为发射结，集电区和基区之间的 PN 结称为集电结。三极管的结构图及电路符号如图 1－26 所示。

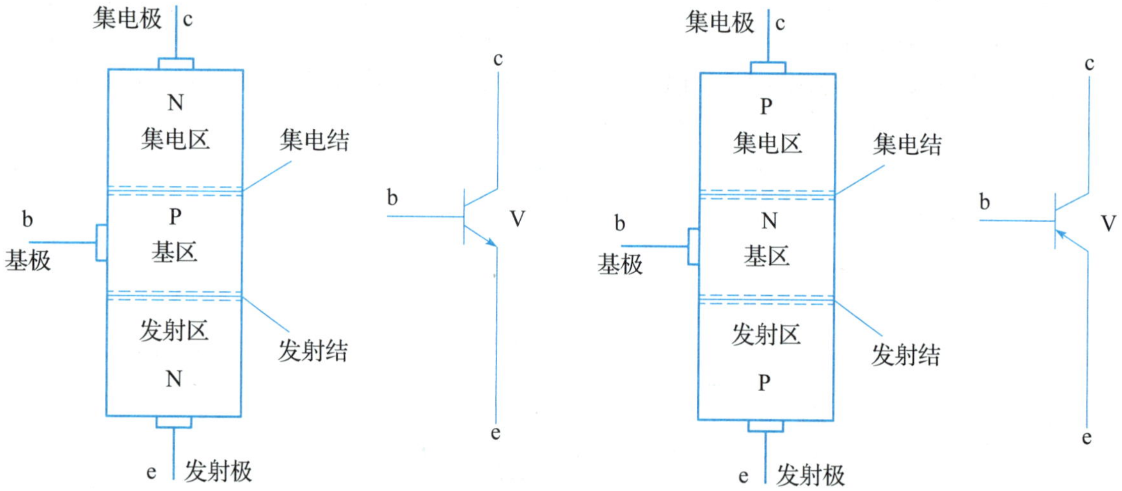

（a）NPN　　（b）PNP

图 1－26　三极管的结构图及电路符号

三极管在制造工艺上有以下三个特点：一是发射区掺杂浓度大于集电区掺杂浓度，集电区掺杂浓度远大于基区掺杂浓度；二是基区很薄，一般只有几微米；三是集电区的截面积大，使得发射区与集电区不可互换。正是这三个特点使三极管具有电流控制和放大的作用。

2. 国产二极管、三极管的型号

国产二极管、三极管型号的命名方法见表 1－17。

笔记栏

表 1-17　国产二极管、三极管型号的命名方法

第一部分		第二部分		第三部分		第四部分	第五部分
用阿拉伯数字表示半导体器件的电极数目		用汉语拼音字母表示半导体部件的材料和极性		用汉语拼音字母表示半导体器件的类别		用阿拉伯数字表示序号	用汉语拼音字母表示规格号
符号	意义	符号	意义	符号	意义	—	—
2	二极管	A	N 型锗材料	P	小信号管（普通管）		
		B	P 型锗材料	V	混频检波管		
		C	N 型硅材料	W	电压调整管和电压基准管		
		D	P 型硅材料	C	变容管		
3	三极管	A	PNP 型锗材料	Z	整流管		
		B	NPN 型锗材料	L	整流堆		
		C	PNP 型硅材料	S	隧道管		
		D	NPN 型硅材料	K	开关管	—	—
		E	化合物材料	U	光电管		
		—		X	低频小功率管		
		—		G	高频小功率管		
		—		D	低频大功率管		
		—		A	高频大功率管		
		—		T	晶体闸流管		

二、查询电路元件参数的方法

以往查询电路元件参数的常用方式是借助书籍文献，如《半导体元件手册》《电工手册》等。其优点是资料翔实、清晰，查询常用元件参数时简便快捷；缺点是资料更新不及时，新元件的数据较少。

随着互联网技术的普及，现在可以借助网络查询，具体分为两种方法：一种方法是到电路元件的生产厂商的网站查询，特点是资料翔实、准确，不便之处是多数资料以英文显示；另一种方法是到国内的相关网站查询，特点是可选网站较多，查询方便，资料以中文显示，不足之处是有些资料可能不准确，需要多方核对。

三、万用表的基本知识

万用表是一种多功能、多量程的测量仪表，可以测量直流电压、直流电流、交流电压、电阻和音频电平等电气参数。规格较高的万用表还可以测量交流电流、电容量、电感量及晶体管共发射极直流电流放大系数等。

随着数字技术的发展，数字万用表已大量应用于电工、电子领域的测量。下面主要讲解在教学实验、实习和生产中应用广泛的 MF47 型指针式万用表的结构、原理和使用方法，以及 DT9205A＋型数字万用表的使用方法。

（一）MF47 型指针式万用表

MF47 型指针式万用表具有体积小巧、重量轻、便于携带、设计制造精密、测量精确度高、

笔记栏

价格偏低且使用寿命长的特点。

1. 基本结构

MF47 型指针式万用表主要包括面板、表头与表盘、测量线路、转换开关四个部分。

(1) 面板结构。

MF47 型指针式万用表的面板结构如图 1－27 所示。面板上部是表头指针、表盘；表盘下方正中是机械调零旋钮；转换开关旋钮位于面板下部正中，周围标有该万用表的测量功能及量程；转换开关左上角是测 PNP 和 NPN 型三极管的插孔；左下角标有“＋”和“－”的位置分别为红、黑表笔插孔。转换开关旋钮右上角为电阻调零旋钮，其下是 2 500V 交流、直流电压和 10A 直流电流测量专用红表笔插孔。

图 1－27　MF47 型指针式万用表的面板结构

(2) 表头与表盘。

表头是一只高灵敏度的磁电式直流电流表，有“万用表心脏”之称。万用表的主要性能指标基本取决于表头性能。表头性能参数较多，这里只介绍最常用的灵敏度和内阻。

表头灵敏度指表头指针满刻度偏转时，流过表头线圈的直流电流值。这个值越小，灵敏度越高。大多数万用表的表头灵敏度在数十至数百微安之间，高档万用表可达到几微安。

表头内阻指表头线圈的直流电阻。这个阻值越高，内阻越大，表头灵敏度越高，万用表性能就越好。大多数万用表的表头内阻在数百欧至 20 千欧之间。

表盘除了有与各种测量项目相对应的六条标度尺外，还附有各种符号。正确识读标度尺和理解表盘符号、字母、数字的含义，是使用和维修万用表的基础。表盘标度尺通常有以下特点：有的标度尺的刻度是均匀的，如直流电压、直流电流和交流电压共用标度尺；有的刻度是不均匀的，如电阻、晶体管共发射极直流电流放大系数 h_{FE}、电感、电容及音频电平标尺等。MF47 型万用表的表盘示意图如图 1－28 所示。

(3) 转换开关。

万用表转换开关由多个固定触点和活动触点构成。当活动触点与某一个、两个或三个固定触点接触时，就可接通它们所控制的测量线路，完成一定的外测量功能。活动触点称为“刀”，固定触点称为“位”，所以万用表转换开关由多刀和多位组成。

MF47 型指针式万用表转换开关为单层 3 刀 24 位结构，即外围有 24 个固定触点，表中已标出了它们各自的测量项目和量程。转换开关转轴上装有一块弹性簧片，其上有三个活动触

笔记栏

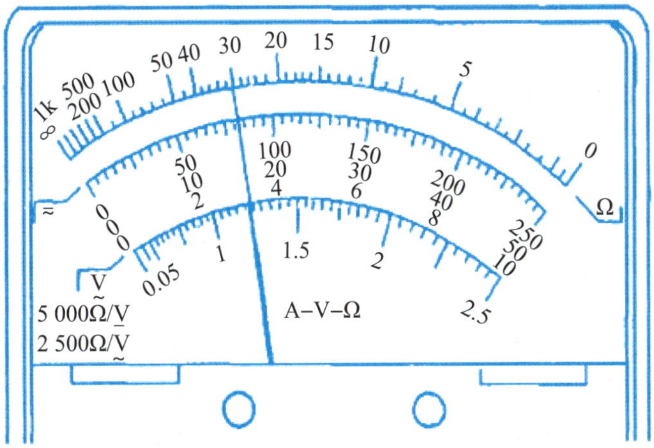

图 1－28　MF47 型万用表的表盘示意图

点，就是所谓的“刀”，分别用三个字母表示。测量时，活动触点总是紧压在固定触点上以保证接触良好。

2. MF47 型指针式万用表标度尺的读法

MF47 型指针式万用表有六条标度尺，它们分别代表了各自的测量项目，其上又用不同的数字及单位标出了相应项目的不同量程。在均匀标度尺上读取数据时，如遇到指针停留在两条刻度线之间的某个位置，应将两刻度线之间的距离等分后再估读一个数据。在欧姆标度尺上只有一组数字，为测量电阻专用。转换开关选择“R×1”挡时，应在标度尺上直接读取数据。选择其他挡位时，应乘以相应倍率。例如，选择“R×1k”挡时，就要对已读取的数据乘以 1 000。这里要指出的是，欧姆标度尺的刻度是不均匀的，当指针停留在两条刻度线之间的某个位置时，估读数据要根据左边和右边刻度缩小和扩大的趋势进行，尽量减小读数误差。

3. 万用表的基本使用方法

下面主要介绍用万用表测量交直流电压、直流电流、电阻等的方法。

(1) 使用前的检查与调整。

使用万用表测量前，应进行下列检查和调整。

①万用表外观应完好无损，轻轻摇晃时，指针应摆动自如。

②确保转换开关切换灵活、无卡阻，挡位对应准确。

③水平放置万用表，转动表盘指针下面的机械调零旋钮，使指针对准标度尺左边的零位线。

④测量电阻前应进行电调零（每换挡一次，都应进行电调零），即将转换开关置于欧姆挡的适当位置，两支表笔短接，旋动电阻调零旋钮，使指针对准欧姆标度尺右边的零位线。如果指针始终不能指向零位线，则应更换电池。

⑤检查表笔插接是否正确。黑表笔应接“－”极或“*”插孔，红表笔应接“＋”极。

⑥检查测量机构是否有效，即在欧姆挡短时碰触两表笔，指针应偏转灵敏。

(2) 交流电压的测量方法与注意事项。

①测量前，必须将转换开关拨到对应的交流电压量程挡。如果误用直流电压挡，表头指针会不动或略微抖动；如果误用直流电流挡或电阻挡，轻则打弯指针，重则烧坏表头。

②测量时，将表笔并联在被测电路或被测元器件两侧。

③严禁在测量时拨动转换开关选择量程，在测量较高电压时更是如此，这样可以避免电弧

笔记栏

烧坏转换开关触点。

④测电压时，要养成单手操作的习惯，特别是测量较高的电压时，用高压测试棒更应如此。即预先把一支表笔固定在被测电路公共接地端（若表笔带鳄鱼夹则更方便），单手拿另一支表笔进行测量。测量过程中必须精力集中。

⑤表盘上的交流电压标度尺是按正弦交流电的有效值来刻度的。如果被测电量不是正弦量（如锯齿波、方波等），误差会很大，这时的测量数据只能作参考。

⑥表盘各项大多标明了使用频率范围，一般为 45～1 000Hz，如果被测交流电压频率超过了这个范围，测量误差仍会增大，这时的测量数据也只能作参考。

⑦测交流电压时，转换开关拨到“V”的位置并选择适当的电压量程。

⑧应从大到小选择量程。

⑨将两表笔分别接到被测电路的两端（红、黑表笔不分正、负），测量时使指针指示在表盘的 1/2～2/3 的区域，这样可提高测量数据的准确性。

⑩读数：交流电压值＝V/每格电压值×格数。

（3）直流电压的测量方法与注意事项。

①直流电压的测量方法和注意事项与测量交流电压基本相同，不过仍然要注意正确地选择测量项目，如果误选了交流电压挡，读数可能会偏高，也可能为零（与万用表接法有关）；如果误选了电流挡或电阻挡，仍然会造成打弯指针或烧毁表头的后果。

②测量前，必须注意表笔的正、负极性，将红表笔接被测电路或元器件的高电位端，黑表笔接被测电路或元器件的低电位端。若表笔接反了，表头指针会反方向偏转，容易打弯指针。

③读数：电压值＝V(mV)/每格电压值×格数。

电压测量的注意事项如下：

①测量电压时，表笔应与被测电路并联。

②测量直流电压时，应注意极性。若无法区分正、负极，则先将量程选在较高挡位，用表笔轻触电路，若指针反偏，则调换表笔。

③合理选择量程。若被测电压的范围无法估计，应先选择最大量程，视指针偏摆情况再作调整。

④测量时应与带电体保持安全距离，手不得触及表笔的金属部分。测量高电压时（500～2 500V），应戴绝缘手套且站在绝缘垫上使用高压测试笔操作。

（4）直流电流的测量方法与注意事项。

①万用表必须串联到被测电路中，且必须先断开电路再串入万用表。如果将置于电流挡的万用表误与负载并联，因它的内阻很小，会造成短路，导致电路和仪表烧毁。

②必须注意表笔的正、负极性，即红表笔接电路的高电位端，黑表笔接低电位端。

③测量前，将转换开关拨到直流电流挡的适当量程，严禁在测量过程中拨动转换开关选择量程，以免损坏转换开关的触点，同时也可避免误拨到小量程挡而撞弯指针或烧毁表头。

④使指针指示在表盘的 1/2～2/3 的区域，提高测量数据的准确性。

⑤读数：电流值＝mA/每格电流值×格数。

⑥测量较大电流时，应先断开电源再撤表笔。

4. 指针式万用表的选择和使用注意事项

通常，应根据测量项目的要求、精确度以及经济条件来选择万用表。在经济许可的情况下，应根据以下原则选择：灵敏度高（灵敏度高的万用表，使用时测量误差小）；电压、电流挡的基本误差小；表头的倾斜误差小（将万用表竖直放置和向左、右侧倾斜放置时，表头指针

笔记栏

偏离零点位置应不超过标度尺弧长的±1%，这种偏离越小越好）；测量的项目多、量程范围大；表盘大；转换开关质量良好；有过载保护等。

万用表的使用十分频繁，往往因使用不当或疏忽大意造成测量错误或事故。因此，必须学会使用万用表，并养成正确操作的习惯。

（1）测量前，认真阅读说明书，充分了解万用表的性能，正确理解表盘上各种符号和字母的含义以及各条标度尺的读法，熟悉转换开关等部件的作用和用法。

（2）测量前，观察表头指针是否处于零位（电压、电流标度尺的零点），若不在零位，则应调整表头下方的机械调零旋钮，使其指零。否则，测量结果会不准确。

（3）测量前，要根据被测项目和预估值，把转换开关拨到合适的位置。选择量程时应尽量使表头指针达到满刻度偏转程度。如果事先无法估计被测量的大小，可在测量时从最大量程挡逐渐减小到合适的挡位。每次拿起表笔准备测量时，一定要再次核对测量项目，并检查量程是否拨对、拨准。

（4）测量时，要根据选好的测量项目和量程挡，明确应在哪一条标度尺上读数，并明确标度尺上一个小格代表多大数值。读数时眼睛应位于指针正上方。对有弧形反射镜的表盘，当看到指针与镜中像重合时，读数最准确。一般情况下，除了应读出整数值外，还要根据指针的位置估读一位小数。测量过程中不得换挡。

（5）测量完毕，应将转换开关置空挡或 OFF 挡或电压最高挡。若长时间不用，应取出内部电池。

（二）DT9205A＋型数字万用表

DT9205A＋型数字万用表是性能稳定、可靠性好、高度防震的多功能、多量程测量仪表。它可用于测量交/直流电压、交/直流电流、电阻、电容、二极管、三极管、音频信号频率等，其面板结构如图 1-29 所示，包括 LCD 显示屏、电源开关、转换开关、表笔插孔等。

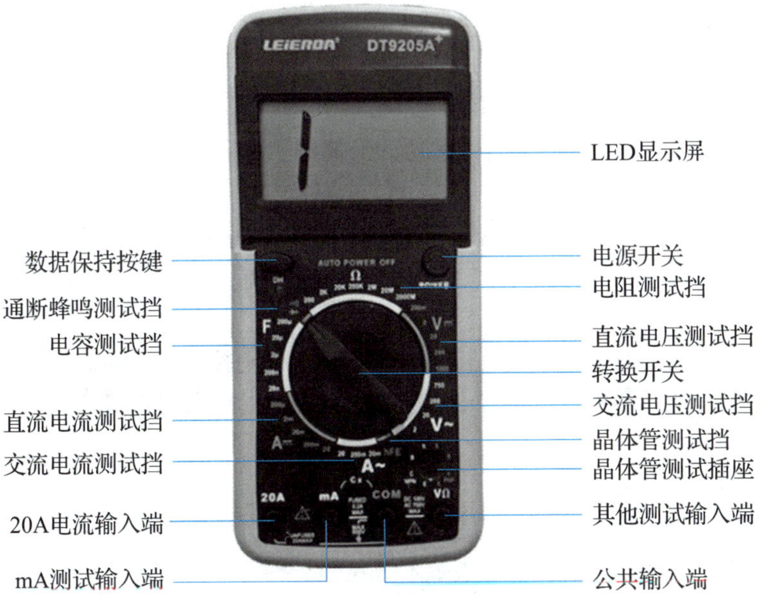

图 1-29　DT9205A＋型数字万用表的面板结构

LCD 显示屏最大显示值为 1 999，且具有自动显示极性的功能。若被测电压或电流的极性为负，则显示值前出现“－”号。输入超量程时，显示屏左端出现“1”或“－1”的提示字样。

电源开关可根据需要处于打开或关闭状态。测量完毕，应将其置于关闭位置，以免空耗电。数字万用表的电池盒位于后盖的下方，采用9V叠层电池。电池盒内还装有熔丝管，起过载保护作用。转换开关位于面板中央，用于选择测试功能和量程。若用表内蜂鸣器做通断检查，量程开关应置于标有“•)))”符号的位置。

1. 使用前的检查与注意事项

（1）将电源开关打开，显示器应有数字或符号显示。若显示器出现低电压符号“- +”，应立即更换内置的9V电池。

（2）表笔插孔旁的“⚠”符号，表示测量时输入的电流、电压不得超过量程规定值，否则会损坏内部测量线路。

（3）测量前，转换开关应置于所需量程。测量交/直流电压和交/直流电流时，若不确定被测量的大小，可先将转换开关置于最大量程挡，然后在测量中按实际情况逐步下调。

（4）若显示屏只显示“1”，表示量程选择偏小，转换开关应置于更高量程。

（5）在高压线路上测量电流、电压时，应注意人身安全。当转换开关置于“Ω”“—▷|—”范围时，不得引入电压。

2. 基本使用方法

（1）测直流电压。

①将黑表笔插入“COM”插孔，红表笔插入“V/Ω”插孔。

②将转换开关置于“DCV”范围的合适量程。

③将万用表并联被测线路，红表笔接高电位端，黑表笔接低电位端。

注意：该万用表不得用于测量高于1 000V的直流电压。

（2）测交流电压。

①表笔插法同直流电压的测量。

②将转换开关置于“ACV”范围的合适量程。

③测量时表笔与被测电路并联，且红、黑表笔不分极性，由显示屏直接读取测量数据。

注意：该万用表不得用于测量高于700V的交流电压。

（3）测直流电流。

①将黑表笔插入“COM”插孔，测量最大值不超过200mA电流时，红表笔插入“mA”插孔；测量200mA～20A范围电流时，红表笔插入“A”插孔。

②将转换开关置于“DCA”范围的合适量程。

③将万用表串入被测线路，红表笔接高电位端，黑表笔接低电位端。

注意：如果量程选择不对，过量程电流会烧坏保险丝，应及时更换。

（4）测交流电流。

①表笔插法同直流电流的测量。

②将转换开关置于“ACA”范围的合适量程。

③将万用表串入被测线路，红、黑表笔不分极性。

（5）测电阻。

①将黑表笔插入“COM”插孔，红表笔插入“V/Ω”插孔（红表笔极性为“+”）。

②将转换开关置于“OHM”范围的合适量程。

③万用表与被测电阻并联。

④直接按所选量程及单位读取所测电阻的值。

笔记栏

⑤测量阻值大于 1MΩ 的电阻时，需要一定的时间方能使读数稳定，这属于正常现象。

⑥表笔开路状态显示为“1”。

⑦测量接在电路中的电阻时，应断开电阻的一端或断开与被测电阻并联的所有电路，还必须断开电源。

（6）测电容。

①将转换开关置于“F”范围的合适量程。

②将待测电容两脚插入电容插孔（不用表笔）即可读数。

③插入电容前，每次转换量程时需要时间，有漂移数字不影响测量精度。

④测量大容量电容时，需要一定的时间方能使读数稳定，这属于正常现象。

⑤不需要考虑电容的极性。

（7）测二极管电阻。

①将黑表笔插入“COM”插孔，红表笔插入“V/Ω”插孔（红表笔极性为“+”）。

②将转换开关置于“”位置。

③红表笔接二极管正极，黑表笔接二极管负极，即可测二极管正向导通时的电阻近似值。

（8）测三极管放大倍数。

①将转换开关置于“h_{FE}”位置。

②将已知 PNP 型或 NPN 型晶体管的三只引出脚分别插入万用表面板的对应插孔，显示屏即显示 h_{FE} 的近似值。

（9）注意事项。

①当显示屏出现“LOBAT”或“←”时，表明电池电压不足，应更换。

②测量电流时若没有读数，应检查熔丝是否熔断。

③测量完毕，应关上电源；若长期不用，应将电池取出。

④万用表不宜在阳光直射、高温、高湿环境下使用与存放（工作温度为 0～40℃，湿度为 80%），使用时应轻拿轻放。

四、使用指针式万用表测量常用电路元件

（一）电阻的测量

通常使用万用表的欧姆挡测量电阻，具体方法如下：

（1）测量时，直接将表笔跨接在被测电阻或电路的两端。

（2）严禁在被测电路带电的情况下测量电阻（特别严禁用万用表直接测电池内阻）。因为这相当于将被测电阻两端电压引入万用表内部测量线路，会导致测量误差，如果引入的电压或电流过大，还会损坏表头，所以在测量前必须切断电源。如果被测电路中有大容量电解电容器，应先将该电容器正、负极短接放电，避免积存在其中的电荷通过万用表泄放，导致表头损坏。

（3）测量前或每次更换倍率挡时，都应重新调整欧姆零点。即将两表笔短接，并同时转动电阻调零旋钮，使表头指针准确停留在欧姆标度尺的零点上。如果表头指针不能指到欧姆零点，说明表内电池电压太低，已不符合要求，应该更换。若连续使用“R×1”挡的时间较长（尤其是使用 1.5V 五号电池的万用表），也应重新校正欧姆零点。这是因为五号电池容量小，工作时间稍长，输出电压会下降，内阻会升高，导致欧姆零点移动。

（4）测量电阻时，应选择适当的倍率挡，使指针尽可能接近标度尺的几何中心，这样可提高测量数据的准确性。由于电阻标度尺的刻度是不均匀的，越往左端阻值的刻度越密，读数误

笔记栏

差就越大，因此应尽量避免选择使指针停在标度尺左端的倍率挡。

(5) 测量过程中，不允许用手同时触及被测电阻两端，以免并联上人体电阻使读数减小，造成测量误差。

(6) 电阻读数：电阻值=指针读数×倍率。

(二) 电容的测量

电容是电路中使用较多的元件，其故障发生率比电阻高，且检测工作比电阻麻烦，在没有专用仪器的情况下，一般用万用表来估测电容的容量或判断电容的好坏。

1. 极性电容（如电解电容）的测量

(1) 极性电容的漏电电阻的测量。

通常将万用表量程选择在“R×1k”或“R×100”挡。用万用表的黑表笔“−”（万用表内电池的正极）接极性电容的正极“+”；用万用表的红表笔“+”（万用表内电池的负极）接极性电容的负极“−”。此时，万用表的指针首先迅速向右偏转，然后逐渐向左回转直到稳定位置，万用表的指针所指的数值即为极性电容漏电电阻的阻值。测量时，如果万用表的指针靠近“0”欧姆，表示被测极性电容短路；如果万用表的指针毫无反应，始终指向“∞”，表示被测极性电容内部断路或失效。漏电电阻值越大，电容的绝缘性能越好。

(2) 极性电容的极性的测量。

使用极性电容时，正、负极性不能接错。当极性电容的“+”“−”极性标记无法辨认时，可根据极性电容正向连接时漏电电阻大，反向连接时漏电电阻小的特点来判断其极性，方法如图 1-30 所示。将万用表的红、黑表笔分别与极性电容的两端相接，测量此时的漏电电阻值，然后将万用表的红、黑表笔交换，再次与极性电容的两端相接，测量漏电电阻值。两次测量中，漏电电阻值大的一次，与万用表的黑表笔连接的一端即为极性电容的正极“+”，另一端为极性电容的负极“−”。

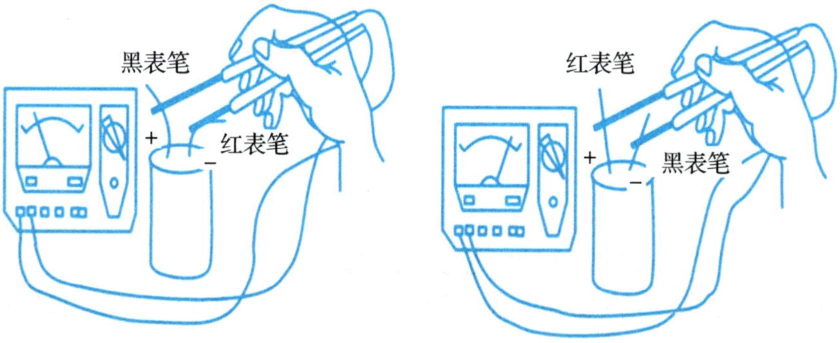

图 1-30 用万用表判断极性电容的极性

2. 非极性电容的容量的测量

对于 5 000pF 以上的非极性电容，可用万用表判断其有无容量，并粗略估计容量大小。万用表量程选择“R×10k”挡，将万用表的红、黑表笔接电容的两端，万用表的指针首先向右偏转跳动一下，然后逐渐向左回转退回“∞”处；将万用表的红、黑表笔交换后再测，此时万用表的指针会再次向右偏转跳动，且跳动幅度更大，而后逐渐复原，这表示该电容有容量。容量越大，指针跳动幅度越大，指针复原速度就越慢。根据指针跳动幅度可粗略估计该电容的容量。

笔记栏

3. 可变电容的漏电、碰片的检测

可变电容的漏电、碰片可用万用表的“Ω”挡来检测。将万用表的两支表笔分别与可变电容的定片和动片引出端相连，然后将电容来回旋转几下，表针均应在“∞”位置不动。如果表针指向“0”或较小的数值，说明可变电容已发生碰片或漏电严重。

（三）用万用表检测二极管

可使用晶体管图示仪对二极管质量进行较准确的检测，但由于晶体管图示仪价格昂贵，不便携带，使用前还需要通电预热，因此一般情况下多采用万用表检测二极管的质量或判别正、负极。

万用表量程选择“R×10k”挡或“R×1k”挡，此时万用表的红表笔接的是表内电池的负极，黑表笔接的是表内电池的正极。因此，当黑表笔接至二极管的正极、红表笔接至二极管的负极时为正向连接。具体测量方法是将万用表的红、黑表笔分别接在二极管两端，如图1-31（a）所示，若测得电阻比较小（几千欧以下），再将红、黑表笔对调后连接在二极管两端，如图1-31（b）所示，而测得的电阻比较大，说明二极管具有单向导电性，质量良好。

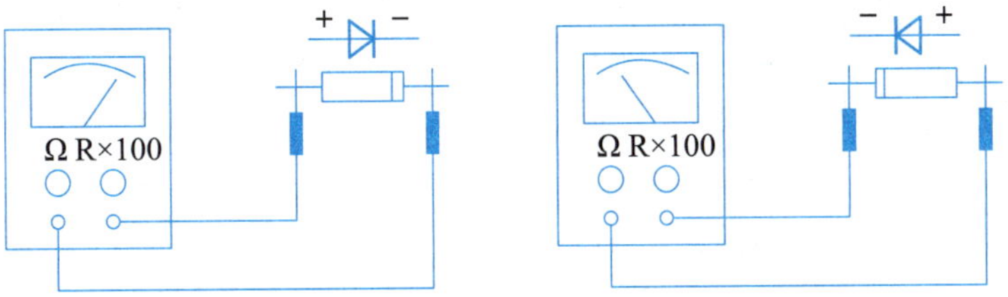

（a）正向电阻　　（b）反向电阻

图1-31　用万用表检测二极管

1. 二极管好坏的判定

检测锗二极管时，万用表量程选择“R×1k”挡。

（1）正常二极管的判定。

万用表黑表笔与二极管正极相连，红表笔与二极管负极相连，呈正接，电阻值应在3kΩ以下；黑表笔与二极管负极相连，红表笔与二极管正极相连，呈反接，指针应基本不动。

（2）短路二极管的判定。

万用表红、黑表笔分别与二极管正、负极相连，指针指向零点；红、黑表笔互换位置，指针仍指零点，表明二极管已短路。

（3）断路二极管的判定。

万用表红、黑表笔分别与二极管负、正极相连，指针不动或基本不动，表明二极管已断路。

检测硅二极管时，用万用表“R×10k”挡进行上述操作。正常的硅二极管的正向电阻值应小于10kΩ，反向测量时指针基本不动。如用“R×1k”挡测量其反向电阻，指针应不动。

2. 二极管极性的判定

二极管极性标记不清时，可用万用表电阻挡来判定。万用表量程选择“R×1k”挡，两只表笔与二极管两端相连，测量电阻值，表笔对调再测量一次。测得电阻值较小时，为二极管正向电阻，这时黑表笔连接的二极管接线端为二极管正极，红表笔连接的一端为负极。测得电阻值较大时，黑表笔所接为负极，红表笔所接为正极。

笔记栏

（四）三极管的外形识别及简易测量

1. 三极管的外形识别

三极管的种类很多，且具有不同的外形和封装形式，包括金属壳封装管、塑料封装管和陶瓷封装管等。三极管的发射极 E、基极 B、集电极 C 的管脚可以根据三极管的外形和电极位置来判别。

2. 用万用表对三极管进行简易测量

（1）基极和三极管类型的判别。

如图 1-32 所示，万用表量程选择“R×100”挡或“R×1k”挡，用黑表笔接三极管的任一管脚，用红表笔依次接触另外两个管脚。如果两次测得的电阻都很小或者都很大，则与黑表笔相接的三极管的那一个管脚是基极。如果两次测得的电阻是一大一小，且相差很多，说明与黑表笔相接的三极管的那一个管脚不是基极，应更换另一管脚重新测试。判断基极时可能要反复测试几次。

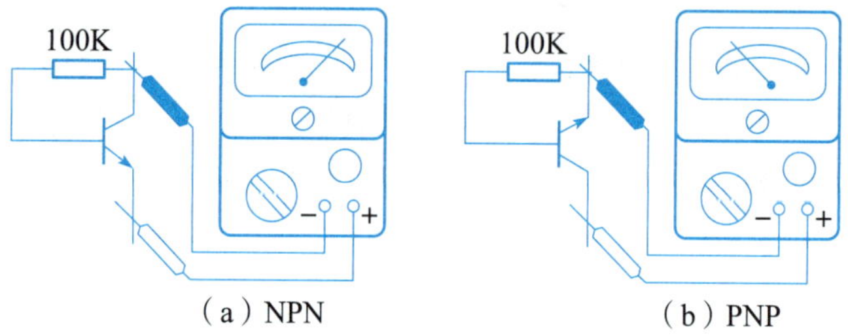

图 1-32　基极和三极管类型的判别

当基极确定后，用黑表笔接基极，用红表笔依次接触另外两个电极，若两次测得的电阻都很小，则该管为 NPN 型管；若两次测得的电阻都很大，则该管为 PNP 型管。

（2）发射极和集电极的判别。

对于 NPN 型管，找出基极后，用黑表笔与假设的集电极相接，红表笔与假设的发射极相接，用手指同时接触基极和假设的集电极，但又不能使两电极相碰，如图 1-33（a）所示。用人体电阻在基极和黑表笔所接电极之间形成一个偏置电阻，相当于图 1-33（b）所示的等效电路，读出此时万用表上的电阻值，然后将红、黑表笔调换，用同样的方法再测得一个电阻值。比较两次测量结果，若第一次测量电阻值比第二次测量电阻值小，则假设的集电极正确，即与黑表笔相接的电极为集电极。若第一次测量电阻值比第二次测量电阻值大，则假设的集电极不正确，与黑表笔相接的电极不是集电极。

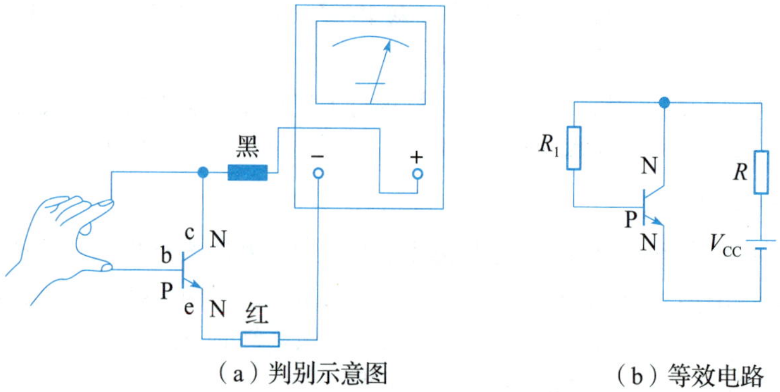

图 1-33　三极管发射极和集电极的判别

笔记栏

用此方法还可以简易测试三极管的电流放大系数 β，β 越大，电阻阻值就越小。

（3）测量三极管的放大倍数。

用具有“β”或“h_{FE}”挡的万用表测量，万用表置“h_{FE}”挡，将三极管管脚插入测量插座（基极插入“b”孔，另两脚随意插入），记下 β 读数。再将另两脚对调后插入，也记下 β 读数。两次测量中，读数大的那一次的引脚插入是正确的。测量时要注意 NPN 型管和 PNP 型管应插入各自相应的插孔。

（4）硅管和锗管的判别。

硅管 PN 结的正向电阻阻值为 1～10kΩ，反向电阻阻值大于 500kΩ；锗管 PN 结的正向电阻阻值为 500Ω～2kΩ，反向电阻阻值大于 100kΩ。由于所用的万用表及其欧姆挡量程不同，测量出来的数值可能也不同，因此可用已知三极管作标准，同被测的三极管进行对比测定。

（5）三极管性能好坏的判断。

三极管的管型和管脚确定后，可用万用表“R×100”挡或“R×1k”挡测量三极管集电极和发射极之间的电阻阻值，从而估计三极管的穿透电流 I_{CEO} 的大小。对于 NPN 型管，黑表笔与集电极相接，红表笔与发射极相接，万用表指针越靠近左端，电阻阻值越大，说明三极管的穿透电流 I_{CEO} 越小，性能越稳定。对于 PNP 型管，黑表笔与红表笔对换测量，如果测量的电阻阻值，硅管在几百千欧以上，锗管在几十千欧以上，则表示被测三极管的穿透电流 I_{CEO} 不大，可以使用；如果测量的电阻阻值较小，则表示被测三极管的穿透电流 I_{CEO} 过大，稳定性差；如果测量的电阻阻值接近于零，则表示被测三极管已击穿；如果测量的电阻阻值为无穷大，则表示被测三极管的内部开路。

以上数据是针对小功率三极管来说的，大功率三极管的穿透电流 I_{CEO} 一般较大，即使电阻阻值是几十欧也不能认为被测三极管已击穿。

即测即评

一、填空题

1. ________是用导线在绝缘骨架上单层或多层绕制而成的，又叫电感线圈。

2. ________是由两个相互靠近的金属电极板中间夹一层电介质制成。

3. 测量电流时，万用表的表笔要________在电路中；测量电压时，万用表的表笔要________在电路中。

4. 使用交流电流表或万用表的交流电流挡测量交流电流时，应将其________在被测电路中，并合理选择电流表的量程。

5. 将交流电压表或万用表的交流电压挡________在被测交流电压的两端，并拨动转换开关至适当的交流电压量程挡。

二、单选题

1. 电感量是线圈的固有参数，它的大小与（　　）有关。

A. 线圈的匝数　　B. 线圈的几何形状

C. 线圈中媒介质的磁导率　　D. 以上都是

2. 交流电流表的读数一般是指交流电流的（　　）。

A. 有效值　　B. 最大值

C. 瞬时值　　D. 幅值

三、多选题

1. 以下选项中，（　　）是常用电阻。

A. 碳膜电阻　　B. 金属膜电阻

C. 绕线电阻　　D. 水泥电阻

2. 电阻值的标注方法有（　　）。

A. 读值法　　B. 直标法

C. 色标法　　D. 数码表示法

3. 以下选项中，（　　）是常用电感。

A. 色环电感　　B. 扼流线圈

C. 贴片电感　　D. 磁珠电感

4. 电感值的标注方法有（　　）。

A. 读值法　　B. 直标法

C. 色标法　　D. 数码表示法

5. 电容量的大小取决于（　　）。

A. 极板面积　　B. 极板间距

C. 电介质常数　　D. 以上都是

6. 以下选项中，（　　）是常用电容。

A. 纸介电容　　B. 云母电容

C. 有机薄膜电容　　D. 电解电容

7. 电容值的标注方法有（　　）。

A. 读值法　　B. 直标法

C. 色标法　　D. 数码表示法

四、判断题

1. 电阻的基本单位是欧姆。（　）
2. 电阻 203 表示 20kΩ。（　）
3. 自感系数 L 的单位是亨利。（　）
4. 电感 480 表示 48μH。（　）
5. 电容量 C 的单位是法拉。（　）
6. 电容储存的电荷量等于加在导电极板上的电压与电容的乘积，即 $Q=CU$。（　）
7. 测电阻时，如果用手捏住万用表表笔的金属部分，会将人体电阻并联于被测电阻而引起测量误差。（　）
8. 电路板有两面，画元件的面用于安装元件，反面用于焊接。（　）
9. 不允许测量带电的电阻，否则会烧坏万用表。（　）

项目2

直流电路分析

项目任务单

<table>
<tr><td>项目描述</td><td colspan="4">直流电路是实际应用电路的基础，通过对直流电路知识的学习，可以掌握电路分析的基本方法、原理，进而解决实际电路中的问题。</td></tr>
<tr><td>项目载体</td><td colspan="4"> 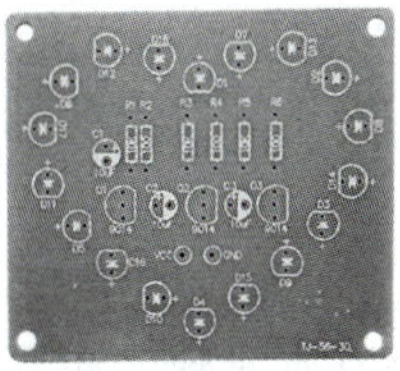 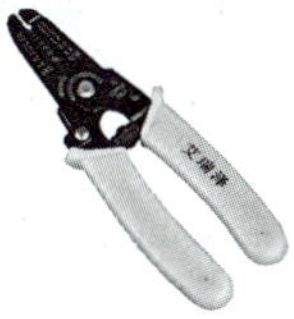  </td></tr>
<tr><td>项目目标</td><td colspan="4">知识目标
（1）了解电路的组成及各部分的作用。
（2）了解电路中的基本物理量，并掌握其计算方法。
（3）了解电压和电流的方向，并掌握其测量方法。
（4）了解欧姆定律，掌握电阻串、并联电路的分析方法。
（5）掌握分析复杂电路的基尔霍夫定律、戴维南定律和叠加原理。
能力目标
（1）会测量电路的基本参数。
（2）能够熟练使用电压表和电流表。
（3）掌握基本的焊接技术。
素质目标
（1）培养学生探索未知、追求真理、勇攀科学高峰的责任感和使命感。
（2）培养学生的团队精神。</td></tr>
<tr><td rowspan="5">学习任务</td><td>任务序号</td><td>任务名称</td><td>学时安排</td><td>备注</td></tr>
<tr><td>任务 1</td><td>电路基本物理量的测量</td><td>4 学时</td><td></td></tr>
<tr><td>任务 2</td><td>电流表改装成电压表</td><td>4 学时</td><td></td></tr>
<tr><td>任务 3</td><td>5V 直流电源的制作</td><td>4 学时</td><td></td></tr>
<tr><td>任务 4</td><td>LED 心形闪烁灯的制作</td><td>4 学时</td><td></td></tr>
</table>

任务 1　电路基本物理量的测量

微课：直流电量的测量

一、任务目标

（1）理解直流电路中电压、电流、功率这三个基本参数。

（2）能正确使用仪表测量电压、电流。

（3）掌握功率的计算方法。

二、任务内容

（1）电压、电流和功率是表征电信号能量大小的三个基本参数，它们都可以直接用直读仪表（指针式或数字式）来测量，测量直流量通常采用磁电系仪表，测量交流量主要采用电磁系仪表，比较精密的测量可以使用电动系仪表。

（2）测量电流时电流表应与负载串联，仪表内阻应远小于负载电阻，否则仪表的串入将改变被测支路的电流值；测量电压时电压表应与负载并联，仪表内阻应远大于负载电阻。用这种方法测量电压、电流时产生的误差主要取决于仪表的准确度及仪表内阻，误差范围通常为0.1%～2.5%。

（3）直流功率 $P=UI$，即 P 为电压 U 和电流 I 的乘积，所以可采用电压表与电流表间接测量，接线如图 2－1 所示，接法不同，电路基本参数的测量和计算结果也有所差别。由于电流表内阻的压降很小，因此通常采用图 2－1（a）所示的接法。在低压大电流的特殊场合，如果电流表的压降比较显著，可以采用图 2－1（b）所示的接法。

动画：电流的测量与分析

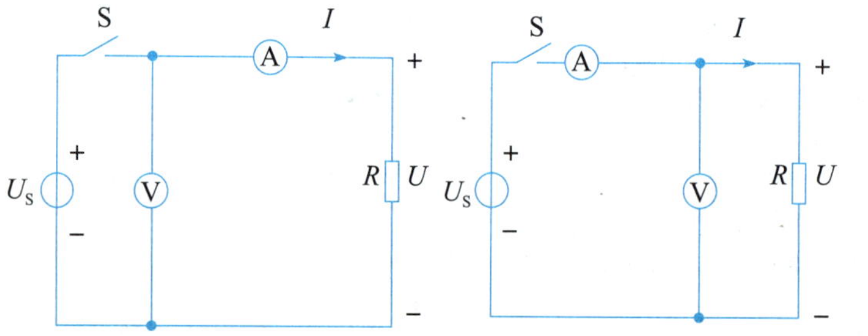

（a）电流表压降小的测量接线　　（b）电流表压降大的测量接线

图 2－1　电路基本参数测量接线

三、任务器材（见表 2－1）

表 2－1　任务器材清单

任务器材	直流电源	电阻	开关	直流电流表	直流电压表
数量	1个	若干	1个	1个	1个

四、任务步骤

1. 电源电压不变时的测量

分别取不同的电阻值，按图 2－1（a）所示电路接线，确保线路接线正确后接通电源，电源电压保持不变，读取电流表和电压表的读数并填入表 2－2。

表 2－2　电源电压不变时的测量数据

电源电压/V	电阻/Ω	电压表读数/V	电流表读数/A	分析 R、I、U 的关系
	$R_1=$			
	$R_2=$			
	$R_3=$			
	$R_4=$			

2. 电阻不变时的测量

分别取不同的电源电压值，按图 2－1（b）所示电路接线，确保线路接线正确后接通电源，电阻数值保持不变时，读取电流表和电压表的读数并填入表 2－3。

表 2－3　电阻不变时的测量数据

电阻/Ω	电源电压/V	电压表读数/V	电流表读数/A	功率/W
	$U_{s1}=$			
	$U_{s2}=$			
	$U_{s3}=$			
	$U_{s4}=$			

五、注意事项

（1）连接电路时应注意直流电的极性。

（2）电压表、电流表的挡位选择要由高到低。

六、任务考核

<table>
<tr><td>班级</td><td></td><td>姓名</td><td></td><td>组号</td><td></td><td rowspan="2">扣分记录</td><td rowspan="2">得分</td></tr>
<tr><td>项目</td><td>配分</td><td colspan="2">考核要求</td><td colspan="2">评分细则</td></tr>
<tr><td>连接电路</td><td>10 分</td><td colspan="2">能看懂电路图，并能正确连接电路</td><td colspan="2">（1）未能看懂电路图，扣 5 分；
（2）未能正确连接电路，扣 5 分</td><td></td><td></td></tr>
<tr><td>电流表的使用</td><td>30 分</td><td colspan="2">能正确使用电流表</td><td colspan="2">（1）连接方法不正确，每处扣 5 分；
（2）量程选择不适当，扣 5 分；
（3）读数不准确，每次扣 5 分</td><td></td><td></td></tr>
<tr><td>电压表的使用</td><td>30 分</td><td colspan="2">能正确使用电压表</td><td colspan="2">（1）连接方法不正确，每处扣 5 分；
（2）量程选择不适当，扣 5 分；
（3）读数不准确，每次扣 5 分</td><td></td><td></td></tr>
</table>

续表

<table>
<tr><td>班级</td><td></td><td>姓名</td><td></td><td>组号</td><td></td><td rowspan="2">扣分记录</td><td rowspan="2">得分</td></tr>
<tr><td>项目</td><td>配分</td><td colspan="2">考核要求</td><td colspan="2">评分细则</td></tr>
<tr><td>记录实训数据</td><td>20 分</td><td colspan="2">能正确记录相关数据</td><td colspan="2">（1）不能进行相关计算，扣 10 分；
（2）不能正确记录相关数据，每次扣 5 分</td><td></td><td></td></tr>
<tr><td>安全文明操作</td><td>10 分</td><td colspan="2">（1）安全用电，无人为损坏仪器、元件和设备的现象；
（2）保持环境整洁、秩序井然，操作习惯良好；
（3）小组成员团结协作，工作态度端正；
（4）不迟到、不早退、不旷课</td><td colspan="2">（1）违反操作规程，每次扣 5 分；
（2）工作场地不整洁，扣 5 分</td><td></td><td></td></tr>
<tr><td colspan="7">总分</td><td></td></tr>
</table>

任务2 电流表改装成电压表

一、任务目标

（1）练习把电流表改装成电压表，加深对串联分压作用的理解。
（2）学会用分流法测定电流表的内阻，进一步理解并联分流的原理。
（3）掌握改善电压表的百分误差的方法。

二、任务内容

如图2-2所示，G表示电流表，根据欧姆定律，满偏电压$U_g=I_gR_g$。由于电流表的满偏电流I_g和满偏电压U_g一般都很小，因此测量较大电压时，要串联一个电阻，$U_{AB}=I(R_g+R)$，即$U_{AB}\propto I$，（把电流表刻度盘的每一刻度数值扩大为原来的(R_g+R)倍，即得到改装后电压表的刻度盘）。

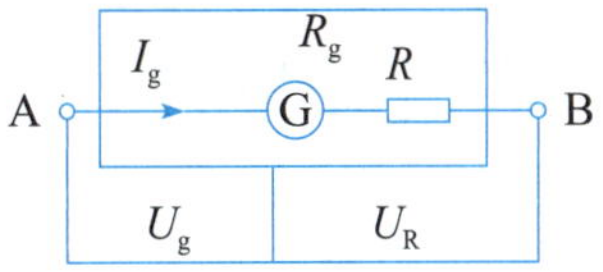

图2-2　电流表改装成电压表的电路

三、任务器材（见表2-4）

表2-4　任务器材清单

任务器材	电阻箱	电流表	电键	电源	滑动变阻器	电压表
数量	1个	1个	2个	1个	2个	1个

四、任务步骤

1. 用半偏法测电阻

按图2-3所示连接电路。

先将变阻器R触头位置移至最右端，使其连入电路的电阻最大，然后闭合电键S_1断开S，移动触头位置，使电流表指针指在满偏刻度处，再闭合S_2，改变电阻箱R_2阻值，使电流表指针在$\frac{1}{2}I_g$刻度处，记下此时电阻箱的阻值R'，则$R_g=R'$。

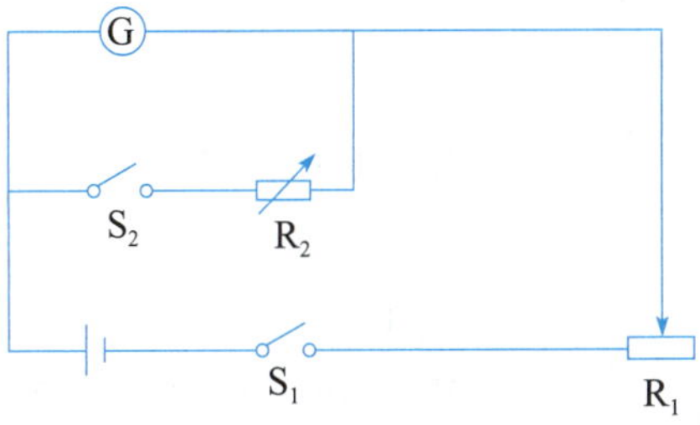

图2-3　半偏法测电阻

2. 电流表改装为电压表

计算分压电阻R的值：将量程$U_量$、满偏电流I_g、电流表内阻R_g代入$U_量=I_g(R_g+R)$即可求出电阻R的值。

将分压电阻R与电流表串联，引出两个接线柱，并将电流表刻度盘改为电压表刻度盘。

3. 校对电压表

按图2-4所示连接电路。

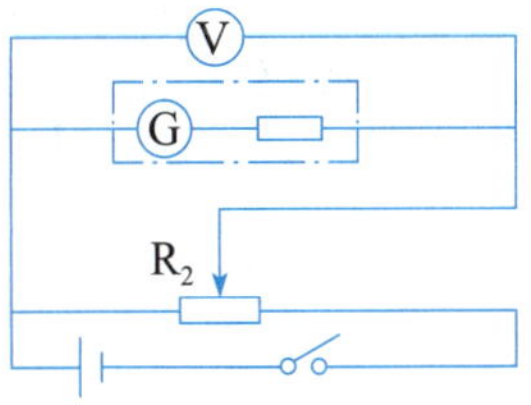

图2-4　校对电压表原理电路

先将触头移动到最左端，然后闭合电键，移动触头位置，使改装后电压表的示数从零逐渐增大到量程值，每移动一次记下改装的电压表和标准电压表示数，并计算中心满刻度时的百分数误差。

$$中心刻度的百分差=\frac{U_{\text{量}}-U_{\text{准}}}{U_{\text{准}}}\times 100\%$$

将测量值和计算值填入表 2-5。

表 2-5　电阻的测量数据

序号	R'	R	$U_{\text{量}}=I_g(R_g+R)$	误差
1				
2				
3				

五、注意事项

（1）采用半偏法测电流表电阻时，应选择阻值 R 远大于电流表内阻的变阻器。

（2）闭合电键前应检查变阻器触头位置是否正确。

（3）校对改装后的电压表时，应采用分压式电路，且变阻器阻值应较小。

六、任务考核

班级		姓名	组号	扣分记录	得分
项目	配分	考核要求	评分细则		
连接电路	10 分	能看懂电路图，并能正确连接电路	（1）未能看懂电路图，扣 5 分； （2）未能正确连接电路，扣 5 分		
半偏法测电阻	30 分	能正确测量电阻值	（1）连接方法不正确，每处扣 5 分； （2）测量不准确，每次扣 5 分		
校对电压表	30 分	能正确校准电压表	（1）连接方法不正确，每处扣 5 分； （2）校准不准确，每次扣 5 分		
记录实训数据	20 分	能正确记录相关数据	（1）不能进行相关计算，扣 10 分； （2）不能正确记录相关数据，每次扣 5 分		
安全文明操作	10 分	（1）安全用电，无人为损坏仪器、元件和设备的现象； （2）保持环境整洁、秩序井然，操作习惯良好； （3）小组成员团结协作，工作态度端正； （4）不迟到、不早退、不旷课	（1）违反操作规程，每次扣 5 分； （2）工作场地不整洁，扣 5 分		
总分					

任务 3　5V 直流电源的制作

一、任务目标

（1）理解 5V 直流电源的电路原理。

（2）掌握基本的焊接技术。

二、任务内容

动画：直流稳压电源

如图 2－5 所示为 5V 直流电源的电路图，220V 交流电经过变压器降压变为 6V 交流电，然后经过全桥整流电路、滤波电路，得到的直流电压约为 6V 交流电的 1.2 倍左右，最后经过 LM7805 三端稳压器稳压输出 5V。

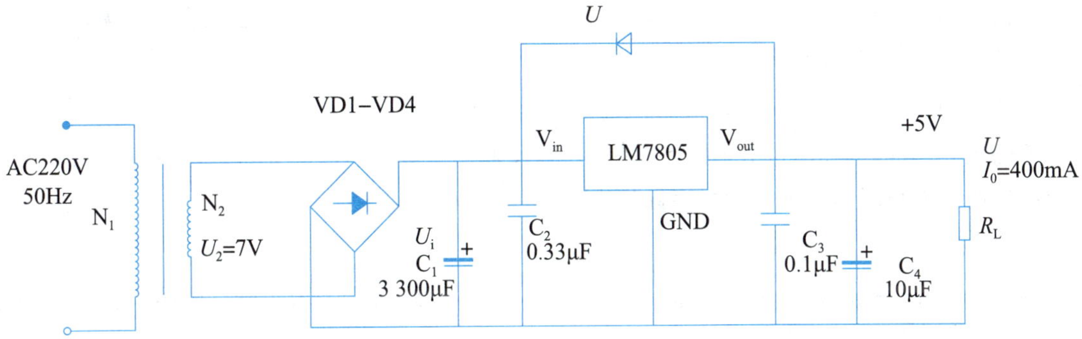

图 2－5　5V 直流电源的电路图

1. 变压器变压

220V 交流电端子连接一个降压变压器，把 220V 家用电压降到 6V 左右。值得注意的是，一定要结合 5V 电源的输出功率情况选择合适的变压器输出功率。例如，选择 5W 的输出功率，则 5V 电源的输出电流最大只有 0.7A。因为三端稳压器的输入/输出电流不变，输入电压为 6V 的 1.2 倍，大约为 7.2V，所以 5W 的变压器只能承受 0.7A 的电流。

2. 整流电路

桥式整流电路巧妙地利用了二极管的单向导电性，将四个二极管分为两组，根据变压器次级电压的极性分别导通。将变压器次级电压的正极性端与负载电阻的上端相连，负极性端与负载电阻的下端相连，即可使负载始终得到一个单方向的脉动电压。单向桥式整流电路具有输出电压高、变压器利用率高、脉动系数小的特点。

3. 滤波电路

通常，滤波电路的滤波电容选择 2 200μF 即可，也可通过相关公式计算电容。选择电容时，除了要关注耐压值，还要考虑 0.7～0.8 左右的降额系数。若要整流后输出 7.2V 左右的直流电，所需电容耐压值为 7.2×1.3＝9.36V，所以应确保耐压值大于 10V。

4. LM78××三端稳压器

LM78××是比较常用的三端稳压器，具体型号有 LM7805、LM7806、LM7809、LM7810、LM7812、LM7815、LM7818、LM7824、LM7827 等，型号后面的两位数代表输出电压，除了 LM7824 和 LM7827 的输入电压最高可达 40V 以外，其他型号的输入电压最高为 35V。

三、任务器材（见表 2-6）

表 2-6　任务器材清单

任务器材	变压器	电压表	二极管	电阻	电容	三端稳压器	电路板	焊接器材
数量	1个	1个	5个	1个	4个	1个	1张	1套

四、任务步骤

1. 清点材料

按任务器材清单一一对应，记清每个元件的名称与外形。小心打开包装袋，避免材料散落丢失。清点后将材料放回包装袋备用。

2. 焊接前的准备工作

电路板有两面，画元件的面用于安装元件，反面用于焊接。清除元件表面的氧化层，将元件引脚弯制成型后对照电路图插到电路板上。

3. 焊接元件

检查每个元件插放是否正确、整齐，二极管、电解电容极性是否正确，电阻读数的方向是否一致，全部合格后方可进行焊接。

4. 调试

检查元件是否焊坏，确认完好后接通电源，用万用表检测电路工作是否正常。

五、注意事项

(1) 确保元件在电路板上安装正确，布局合理。
(2) 确保焊点不存在虚焊、漏焊、错焊、连焊等现象。
(3) 通电检查，能够正确输出 5V 直流电源。

六、任务考核

<table>
<tr><td>班级</td><td></td><td>姓名</td><td></td><td>组号</td><td></td><td rowspan="2">扣分记录</td><td rowspan="2">得分</td></tr>
<tr><td>项目</td><td>配分</td><td colspan="2">考核要求</td><td colspan="2">评分细则</td></tr>
<tr><td>连接电路</td><td>10分</td><td colspan="2">能看懂电路图，并能正确连接电路</td><td colspan="2">(1) 未能看懂电路图，扣5分；
(2) 未能正确连接电路，扣5分</td><td></td><td></td></tr>
<tr><td>元件检测</td><td>25分</td><td colspan="2">能正确检测各元件，判断好坏</td><td colspan="2">(1) 检测方法不正确，每处扣5分；
(2) 不能判断元件好坏，每处扣5分</td><td></td><td></td></tr>
</table>

续表

班级		姓名		组号		扣分记录	得分
项目	配分	考核要求		评分细则			
元件插放	25 分	能正确插放元件		(1) 错装、漏装元件，每处扣 5 分； (2) 插放元件不正确，每处扣 5 分			
焊接元件	30 分	能正确焊接元件		(1) 焊点大小不合适、不美观，扣 2 分； (2) 存在虚焊、错焊、漏焊，每次扣 5 分			
安全文明操作	10 分	(1) 安全用电，无人为损坏仪器、元件和设备的现象； (2) 保持环境整洁、秩序井然，操作习惯良好； (3) 小组成员团结协作，工作态度端正； (4) 不迟到、不早退、不旷课		(1) 违反操作规程，每次扣 5 分； (2) 工作场地不整洁，扣 5 分			
总分							

任务 4 LED 心形闪烁灯的制作

微课：LED 心形闪烁灯安装

一、任务目标

（1）理解 LED 心形闪烁灯的电路原理。

（2）掌握基本的焊接技术。

（3）能够正确制作 LED 心形闪烁灯。

二、任务内容

如图 2－6 所示为 LED 心形闪烁灯原理图，18 只 LED 被分成 3 组，每当电源接通时，3 只三极管会争先导通，但由于元件存在差异，只会有 1 只三极管先导通。这里假设 Q_1 先导通，则 LED_1 这一组点亮，Q_1 导通后，其集电极电压下降使得电容 C_2 左端下降，接近 0V。由于电容两端的电压不能突变，因此 Q_2 的基极也被拉到近似 0V，Q_2 截止，故接在其集电极的 LED_2 这一组熄灭。此时 Q_2 的高电压通过电容 C_3 使 Q_3 集电极电压升高，Q_3 也将迅速导通，LED_3 这一组点亮。因此在这段时间里，Q_1、Q_3 的集电极均为低电平，LED_1 和 LED_3 这两组被点亮，LED_2 这一组熄灭，但随着电源通过电阻 R_2 对 C_2 充电，Q_2 的基极电压逐渐升高，当超过 0.7V 时，Q_2 由截止状态变为导通状态，集电极电压下降，LED_2 这一组点亮。与此同时，Q_2 的集电极下降的电压通过电容 C_3 使 Q_3 的基极电压也降低，Q_3 由导通变为截止，其集电极电压升高，LED_3 这一组熄灭。接下来，电路按照上面叙述的过程循环，3 组 18 只 LED 即轮流点亮完毕，同一时刻有 2 组共 12 只 LED 被点亮。这些 LED 交叉排列成一个心形图案，不断循环闪烁发光，呈现动感显示效果。

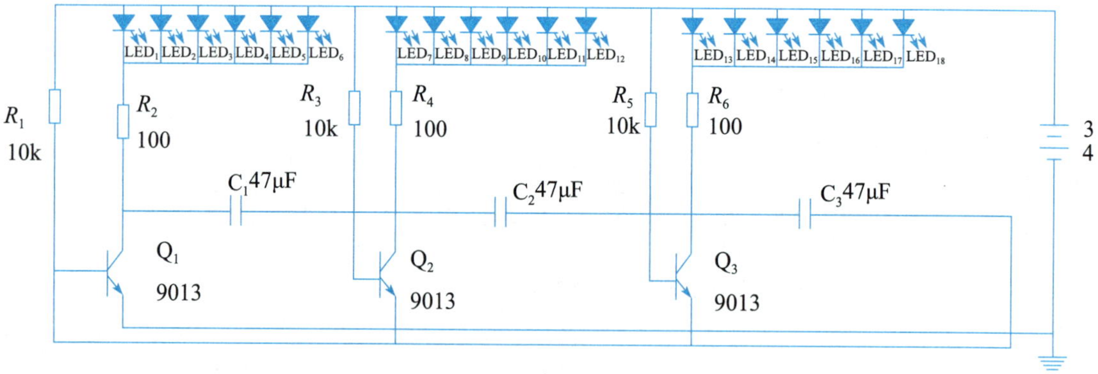

图 2－6 LED 心形闪烁灯原理图

三、任务器材（见表 2－7）

表 2－7 任务器材清单

任务器材	电池	电压表	二极管	电阻	电容	三极管	电路板	焊接器材
数量	2 个	1 个	18 个	6 个	3 个	3 个	1 张	1 套

四、任务步骤

1. 清点材料

按任务器材清单一一对应，记清每个元件的名称与外形。小心打开包装袋，避免材料散落丢失。清点后将材料放回包装袋备用。

2. 焊接前的准备工作

如图 2－7 所示，电路板有两面，画元件的面用于安装元件，反面用于焊接。清除元件表面的氧化层，将元件引脚弯制成形后对照电路图插到电路板上。

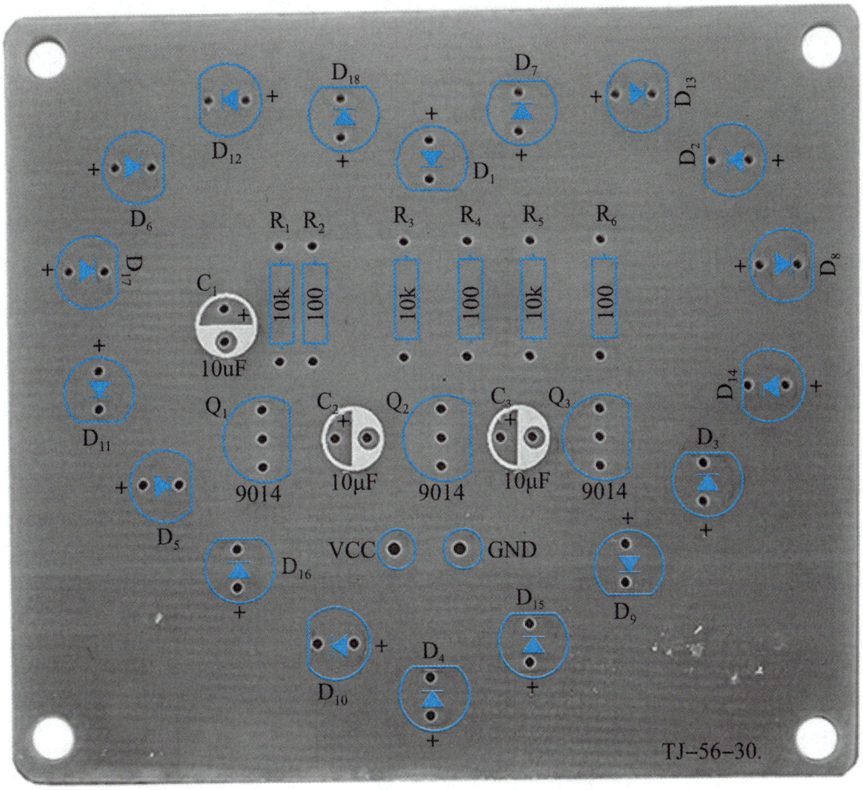

图 2－7　电路板

3. 焊接元件

检查每个元件插放是否正确、整齐，二极管、电解电容极性是否正确，电阻读数的方向是否一致，全部合格后方可进行焊接。

4. 调试

检查元件是否焊坏，确认完好后接通电源，用万用表检测电路工作是否正常。

五、注意事项

(1) 确保元件在电路板上安装正确，布局合理。

(2) 确保焊点不存在虚焊、漏焊、错焊、连焊等现象。

(3) 通电检查，能够正确呈现 LED 心形闪烁灯效果。

六、任务考核

班级		姓名		组号		扣分记录	得分
项目	配分	考核要求		评分细则			
连接电路	10分	能看懂电路图，并能正确连接电路		(1) 未能看懂电路图，扣5分； (2) 未能正确连接电路，扣5分			
元件检测	25分	能正确检测各元件，判断好坏		(1) 检测方法不正确，每处扣5分； (2) 不能判断元件好坏，每处扣5分			
元件插放	25分	能正确插放元件		(1) 错装、漏装元件，每处扣5分； (2) 插放元件不正确，每处扣5分			
焊接元件	30分	能正确焊接元件		(1) 焊点大小不合适、不美观，扣2分； (2) 存在虚焊、错焊、漏焊，每次扣5分			
安全文明操作	10分	(1) 安全用电，无人为损坏仪器、元件和设备的现象； (2) 保持环境整洁、秩序井然，操作习惯良好； (3) 小组成员团结协作，工作态度端正； (4) 不迟到、不早退、不旷课		(1) 违反操作规程，每次扣5分； (2) 工作场地不整洁，扣5分			
总分							

笔记栏

知识链接

电路的种类很多，不同用途的电路，其形式和结构也各不相同。因为实际电路分析起来不方便，所以人们创造了由电路模型构成的电路图，同时也摸索出了很多分析电路的方法和规律。

微课：电路模型

一、电路基本物理量

（一）电路与电路模型

1. 电路及电路组成

电路是由若干电气设备或元器件按一定方式通过导线连接而成的电流通路。电路的主要作用有以下两个方面：

（1）电路能实现电能的传输、分配与转换。例如：电力系统将发电厂产生的电能通过输电电路和配电电路分配至各用电户，如图 2-8 所示。

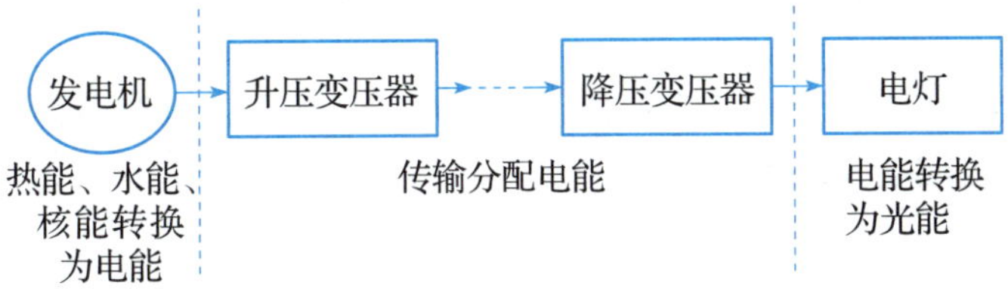

图 2-8 电力传输示意图

（2）电路能实现电信号的传递、存储和处理。例如：功放电路将话筒接收到的声音信号放大后通过扬声器传递出去，如图 2-9 所示。

如图 2-10 所示为手电筒实物电路图，一个小灯泡通过电线和开关连接到干电池上，当开关闭合后，小灯泡就会发光。手电筒电路是最简单的电路之一，由电源（干电池或蓄电池）、负载（小灯泡）、连接导线和辅助设备（开关）四部分组成。

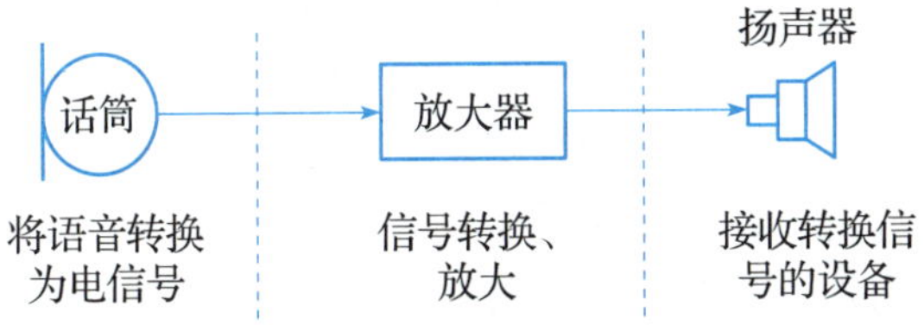

图 2-9 电信号传输示意图

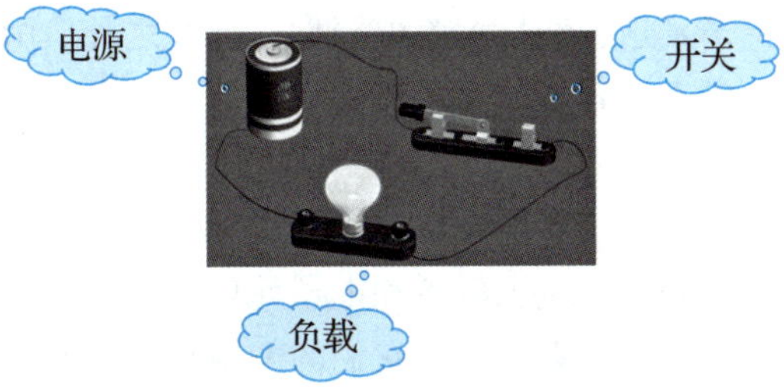

图 2-10 手电筒实物电路图

任何一个完整的实际电路，不论其结构和作用如何，均由电源、负载及中间环节（导线和开关）等基本部分组成。

①电源：电源是能够提供电能的装置，可以把非电能转换成电能。手电筒电路中的电池就是它的电源。

②负载：负载是指连接在电路中消耗电能的元器件，也称为用电设备或用电器。它们是把电能转换成其他形式的能量而为人类服务的装置，如电灯泡、电动机、电炉等。

③中间环节：中间环节用于对电路进行控制、分配、保护及测量等，包括各种开关、导线及测量仪表。

笔记栏

2. 电路的工作状态

在日常照明电路中，开关开启，电灯就亮了；开关关闭，电灯就灭了；若电源正极和负极（交流电路中是相线和零线）不经过负载而直接接在一起，就会发生事故。电路的三种工作状态：通路状态（有载工作状态）、断路状态（开路状态）和短路状态。

（1）通路。

通路是指电路的有载工作状态。如图 2－11 所示，当开关 S 闭合，使电源与负载接通形成闭合回路，电路便处于通路状态。在实际电路中，负载都是并联的，用 R_L 代表等效负载电阻。该电路中的用电器是由用户控制的，而且是经常变动的。当并联的用电器增多时，等效负载电阻 R_L 就会减小，而电源电动势 E 通常为恒定值，且内阻 R_0 很小，电源端电压 U 变化很小，则电源输出的电流和功率将随之增大，这种情况称为电路的负载增大。当并联的用电器减少时，等效负载电阻 R_L 就会增大，电源输出的电流和功率将随之减小，这种情况称为电路的负载减小。

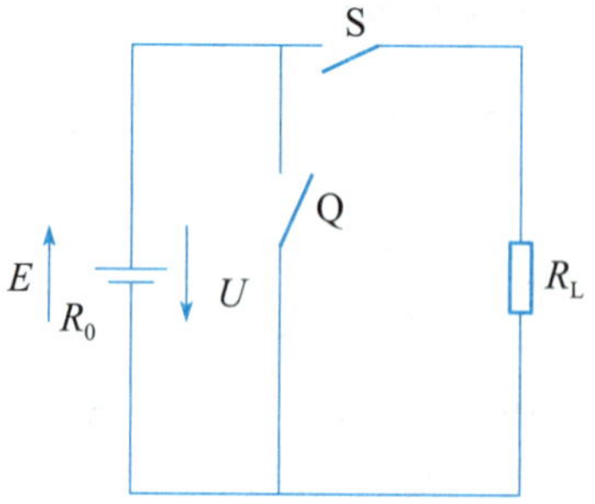

图 2－11　电路状态示意图

（2）断路。

断路是指电源与负载没有构成闭合回路。在图 2－11 所示的电路中，当 S、Q 断开时，电路即处于断路状态。断路状态的特征是 $R=\infty$，$I=0$。

（3）短路。

短路是指电源未经负载而直接由导线接通成闭合回路。在图 2－4 所示的电路中，当开关 Q 闭合时，电路即处于短路状态。短路的特征是 $R=0$，$U=0$，$I_s=E/R_0$（短路电流），$P_L=0$。电源内阻消耗功率 $P_E=I_s^2R_0$。

3. 理想元件与电路模型

实际使用的电路都是由一些电工设备（如各种电源、电动机）和电阻、电容、线圈以及晶体管等电子元件组成的，人们使用这些电工设备和电子元件的目的是利用它们的某种电磁特性。例如，使用电阻是利用它对电流呈现阻力的特性，与此同时，电阻也将电能转换成热能损耗掉了，这种特性称为电阻性。除此之外，电流通过电阻还会产生磁场，具有电感性；产生电场，具有电容性。当电流流过其他电工设备和电子元件时，引发的电磁现象与此大致相同，都是十分复杂的。

如果把这些电磁特性全都考虑进去，会使电路的分析与计算变得非常烦琐，甚至难以进行。但是实际电工设备和电子元件所表现出的多种电磁特性在强弱程度上是十分不同的。如电阻、白炽灯、电炉等，它们的电磁特性主要是电阻性，其电感性和电容性则十分微弱，在一定频率范围内可以忽略。而电容的主要电磁特性是建立电场，储存电能，突出表现为电容性。线圈的主要电磁特性是建立磁场，储存磁场能，突出表现为电感性。因此，可以在一定条件下忽略实际电工设备和电子元件的次要特性，只保留它的主要特性，并用一个足以反映该主要特性的模型来表示，这种模型就称为理想元件。

每种理想元件只具有一种电磁特性，如理想化电阻元件只具有电阻性，理想化电感元件只具有电感性，理想化电容元件只具有电容性。常用的理想化电路元件的图形符号如图 2－12 所示。

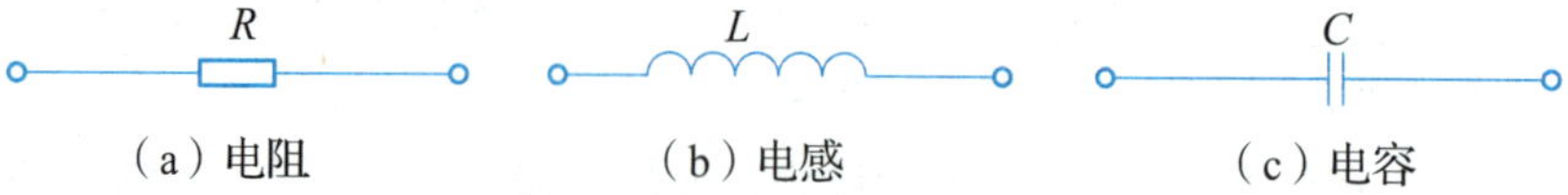

图 2－12　常用的理想化电路元件的图形符号

笔记栏

用电阻、电感、电容等理想化电路元件近似模拟实际电路中的每个电工设备或电子元件，再根据这些器件的连接方式，用理想导线连接起来，便构成实际电路的电路模型。本教材中未做特殊说明时，所研究的电路均为电路模型。

（二）电路的基本物理量

电流和电压是表示电路状态及用于对电路进行定量分析的基本物理量。下面主要介绍电流和电压的基本概念、参考方向以及电位、电功率的概念。

微课：电路基本物理量

1. 电流

定义：带电粒子有规则地定向运动形成电流。

电流的大小用电流强度（简称电流）表示。电流强度在数值上等于单位时间内通过导体某一横截面的电荷量，用符号 i 表示。则：

$$i=\frac{\mathrm{d}q}{\mathrm{d}t}$$

大小和方向都不随时间变化的电流称为恒定电流，简称直流电流，用大写字母 I 表示，则：

$$I=\frac{Q}{t}$$

在国际单位制中，电流的单位是安培，简称安，用符号 A 表示。如果在 1s 内通过导体横截面的电荷量是 1C，导体中的电流就是 1A。电流的常用单位还有 mA（毫安）、μA（微安），它们之间的换算关系为：

$$1\mathrm{A}=10^3\mathrm{mA}=10^6\mu\mathrm{A}$$

电流不但有大小，而且有方向，正电荷的运动方向规定为电流的实际方向。在简单电路中，电流的实际方向很容易确定。例如，在图 2-13 所示的电路中，电流的实际方向是由电源的正极流出，经过电阻流向电源负极。但是在复杂电路中，一段电路中的电流的实际方向很难预先确定；另外，交流电路中的电流的方向不断地随时间改变，更难以标出。为了便于分析与计算电路，人们引入了电流参考方向这一概念，参考方向又称假定正方向，简称正方向。在电路分析与计算的过程中，参考方向一旦设定就不能再改动。

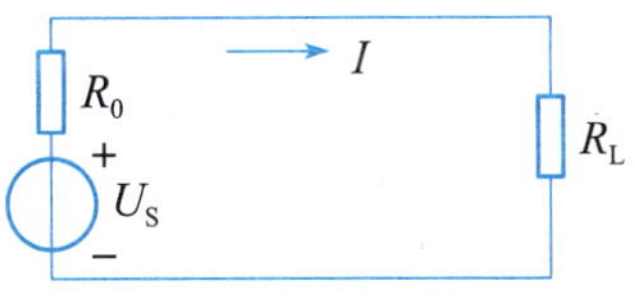

图 2-13　电流方向

在一段电路中，任意选择一个方向作为电流的方向，这个方向就是电流的参考方向（电流的正方向）。电流的参考方向一般用实线箭头表示，既可以画在线上，也可以画在线外。当选定的参考方向与实际方向相同时，电流为正值；选定的参考方向与实际方向相反时，电流为负值，如图 2-14 所示。这样，电流的数值便有了正负之分，成为代数量，可以反映电流的实际方向与参考方向的关系。

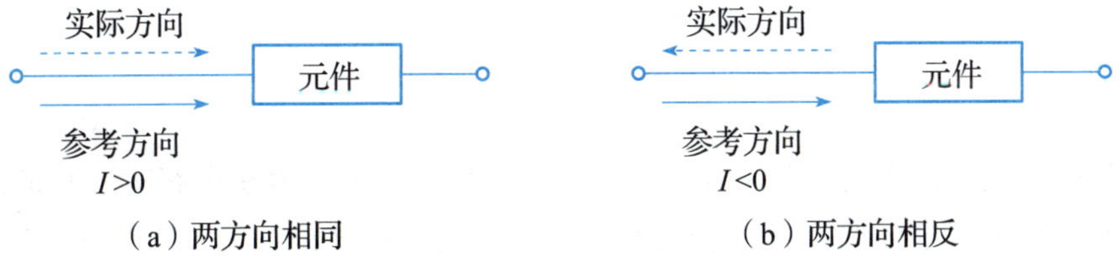

图 2-14　电流的实际方向与参考方向

笔记栏

2. 电压

电压是衡量电场力推动正电荷运动，对电荷做功的能力的物理量。电路中 a、b 两点之间的电压在数值上等于电场力把单位正电荷从 a 点移到 b 点所做的功。若电场力移动的电荷量是 $\mathrm{d}q$，所做的功是 $\mathrm{d}W$，则 a、b 两点之间的电压为：

$$u_{\mathrm{ab}}=\frac{\mathrm{d}W}{\mathrm{d}q}$$

大小和方向都不随时间变化的电压称为恒定电压，简称直流电压，用大写字母 U 表示，则 a、b 两点之间的直流电压为：

$$U_{\mathrm{ab}}=\frac{W}{Q}$$

在国际单位制中，电压的单位是伏特，简称伏，用 V 表示。电压的常用单位还有 kV（千伏）和 mV（毫伏），它们之间的关系为：

$$1\mathrm{kV}=10^{3}\mathrm{V}=10^{6}\mathrm{mV}$$

电压的方向有三种表示方法，如图 2－15 所示。如图 2－15（a）所示为用箭头的指向表示，箭头由高电位端指向低电位端；如图 2－15（b）所示为用“＋”“－”标号分别表示高电位端和低电位端；如图 2－15（c）所示为用双下标表示，如 U_{ab} 表示 a、b 两点间的电压方向是从 a 指向 b。

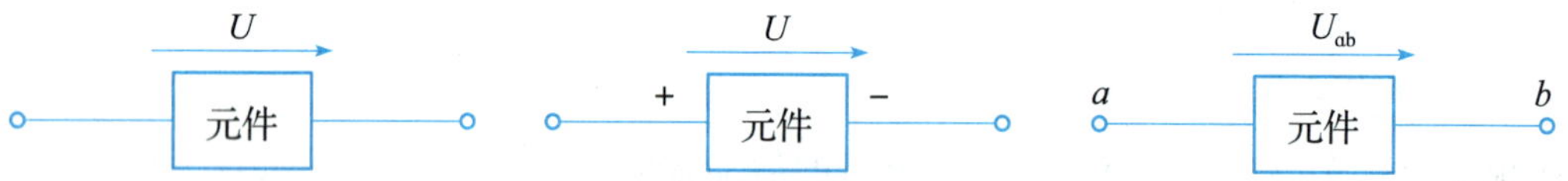

（a）用箭头表示　（b）用正、负号表示　（c）用双下标表示

图 2－15　电压方向的表示方法

在电路分析的过程中，面对一个元件，既要对电流选取参考方向，又要对元件两端的电压选取参考方向，二者相互独立，可以任意选取。但为了分析方便，常常将同一元件的电流参考方向和电压参考方向选为一致，即电流由电压的“＋”极性端流向“－”极性端。电流参考方向和电压参考方向相一致，称为关联参考方向，如图 2－16（a）所示；如果电流参考方向和电压参考方向不一致，则称为非关联参考方向，如图 2－16（b）所示。

（a）关联参考方向　（b）非关联参考方向

图 2－16　电流参考方向和电压参考方向的关系

3. 电位

在调试和检修电气设备时，常常要测量各点的电位；在分析电子电路时，常借助电位的概念来讨论问题。在电路中任选一点 O 作为参考点，则该电路中 a 点到参考点 O 的电压就叫作 a 点的电位，也就是电场力把单位正电荷从 a 点移到参考点 O 所做的功。

电位用字母 V 加下标表示，如 V_{a}、V_{b} 分别表示 a 点和 b 点的电位。电路中任意两点之间

笔记栏

的电位差就是这两点之间的电压，即

$$U_{ab}=V_a-V_b$$

电位的单位与电压相同，也是伏特。

参考点是可以任意选定的，一经选定，电路中其他各点的电位也就确定了。参考点选择不同，电路中同一点的电位也会随之而变，但任意两点的电位差（即电压）是不变的。

在电路中不指明参考点而谈某点的电位是没有意义的。在一个电路系统中只能选定一个参考点。至于选哪个点为参考点，要根据分析问题的方便而定。通常，选一条特定的公共线作为参考点便于分析，这条公共线是元器件的汇集处且与机壳相连，因此在电子电路中，参考点用接机壳符号“⊥”表示。

4. 电动势

(1) 电动势的概念。

电动势是描述电源性质的重要物理量，在电源外部电路中，电场力把正电荷由高电位经过负载移动到低电位；那么在电源内部电路中，也必定有一种力能够不断地把正电荷从低电位移到高电位，这种力称为电源力。在这个过程中，电源力要反抗电场力做功，这个做功过程就是电源将其他形式的能转换成电能的过程。对于不同的电源，电源力做功的性质和大小不同，衡量电源力做功能力大小的物理量称为电源电动势。

电源力把正电荷从低电位（负极）移到高电位（正极）反抗电场力所做的功 W 与被移动电荷的电荷量 Q 的比值就是电源电动势。用公式表示为

$$E=\frac{W}{Q}$$

其中，E 为电源电动势（V）；W 为电源力所做的功（J）。

不同的电源，由于电源力的来源不同，能量转换的形式也不同。化学电动势（干电池、纽扣电池、蓄电池等）的电源力是一种化学作用，电动势的大小取决于化学作用的种类，与电源大小无关，如干电池无论是1号、2号、5号，其电动势都是1.5V。发电机的电源力是磁场对运动电荷的作用力。光生电动势（光电池）的电源力来源于光电效应。

(2) 电动势的参考方向。

电动势的作用是把正电荷从低电位移动到高电位，使正电荷的电势能增加，所以规定电动势的实际方向是由低电位指向高电位，即从电源的负极指向电源的正极。在电路中，电源的极性和电动势的数值一般都是已知的，所以通常电动势的参考方向都取与实际方向相同的方向，即由电源的负极指向电源的正极。

(3) 电源端电压与电动势的关系。

①电源端电压 U 反映的是电场力在外电路将正电荷由高电位（正极）移向低电位（负极）做功的能力。电动势 E 反映的是电源力将电源内部的正电荷从低电位（负极）移向高电位（正极）做功的能力。

②若不考虑电源内损耗，则电源电动势在数值上与它的端电压相等，但实际方向相反，即 $E=-U$。

电源对电路的作用效果可以用电动势表示，也可以用电压表示，电动势 E 和电压 U_{ab} 反映的是同一件事，所以在多数情况下，不是用电动势 E 而是用电源正负极之间的电压来表示电源的作用效果。

笔记栏

5. 电功率和电能

在电路分析中常用到另一个物理量——电功率。当电场力推动正电荷在电路中运动时，电场力做功，电路吸收能量。单位时间内电场力所做的功称为电功率，简称功率，用符号 P 表示。其表达式为：

$$P=\frac{\mathrm{d}W}{\mathrm{d}t}=ui$$

通常，在电压和电流非关联参考方向下，电路吸收的功率为：

$$P=-ui$$

当已知设备的功率为 P 时，在时间 t 内消耗的电能为：

$$W=Pt$$

电能等于电场力所做的功，当功率 P 的单位是瓦（W）时，能量的单位是焦耳（J），它等于功率为 1W 的用电设备在 1s 内消耗的电能。工程上或生活中还常用千瓦时（kW·h）作为电能的单位，1kW·h 又称为 1 度电。

$$1\mathrm{kW\cdot h}=10^3\mathrm{W}\times 3\,600\mathrm{s}=3.6\times 10^6\mathrm{J}$$

微课：电阻与电源

二、独立电源

凡是向电路提供能量或信号的设备称为电源。常见的电源有发电机、干电池和各种信号源。电源有两种类型：电压源和电流源。

（一）理想电压源

理想电压源是从实际电源抽象出来的理想化二端电路元件。凡端电压为恒定值或按照某种给定的规律变化而与其电流无关的电源称为理想电压源，简称电压源。电压源的电路图形符号与伏安特性如图 2-17 所示。

理想电压源具有以下特点：

（1）它的端电压是恒定值或是一个固定的时间函数，与流过它的电流无关。

（2）流过它的电流取决于它所连接的外电路，电流的大小和方向都由外电路决定。

（二）理想电流源

理想电流源也是一个理想化的二端元件，简称为电流源。电流源的电路图形符号如图 2-18（a）所示。

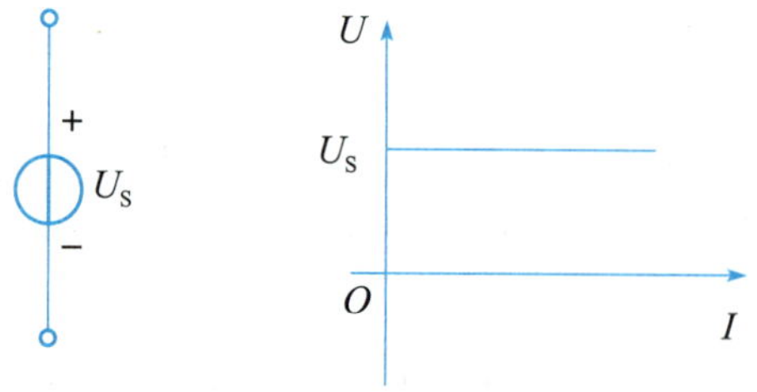

（a）图形符号　（b）伏安特性

图 2-17　电压源的电路图形符号与伏安特性

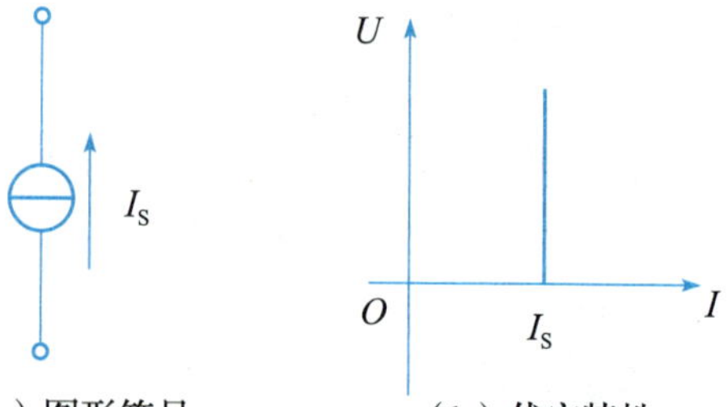

（a）图形符号　（b）伏安特性

图 2-18　电流源的电路图形符号与伏安特性

理想电流源具有以下特点：

（1）它输出的电流是恒定值或是一个固定的时间函数，与它两端的电压无关。

笔记栏

(2) 电流源两端的电压取决于它所连接的外电路。

直流电流源的伏安特性如图 2-18 (b) 所示，呈一条平行于 U 轴的直线，表明电流的大小与电压的大小、方向无关，直流电流源也称为恒流源。

由理想电流源的特点可知，其输出电流为定值，不随端口电压而改变。所以，电流源与任何二端元件串联，都可以等效为电流源。

(三) 实际电压源模型

理想电压源实际上是不存在的。电源内部总是存在一定的电阻，称为内阻 R_0。当它供给外电路能量时，内部本身也消耗能量，这样它就不具有端电压为定值的特点，端电压是随着电流的变化而变化的。这时，实际电压源可以用理想电压源 U_S 与一内阻 R_0 相串联的电路模型来表示，如图 2-19 (a) 所示。电压源对外电路输出的电压与电流的关系（伏安特性方程）为：

$$U=U_S-IR_0$$

上式表明，电压源的输出电压 U 与输出电流 I 的大小有关（即与负载有关）；电流 I 越大，电源内阻上的电压 IR_0 越大，输出电压 U 越低，其伏安特性是一条下降的直线，如图 2-19 (b) 所示。

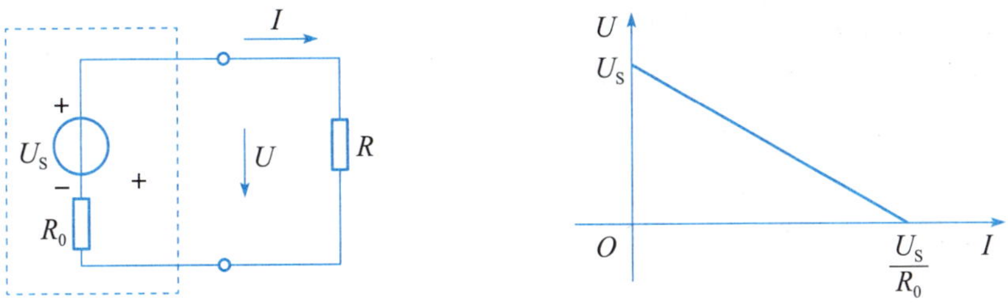

(a) 模型电路　　(b) 伏安特性

图 2-19　实际电压源模型及伏安特性

(四) 实际电流源模型

理想电流源实际上也是不存在的。实际电源输出的电流是随着端电压的变化而变化的。例如，光电池在一定照度的光线照射下，被光激发产生的电流，并不能全部外流，其中一部分将在光电池内部流动。由此可见，实际电流源（简称电流源）可用理想电流源 I_S 和一个内阻 R_0 并联的模型来表示，如图 2-20 (a) 所示。

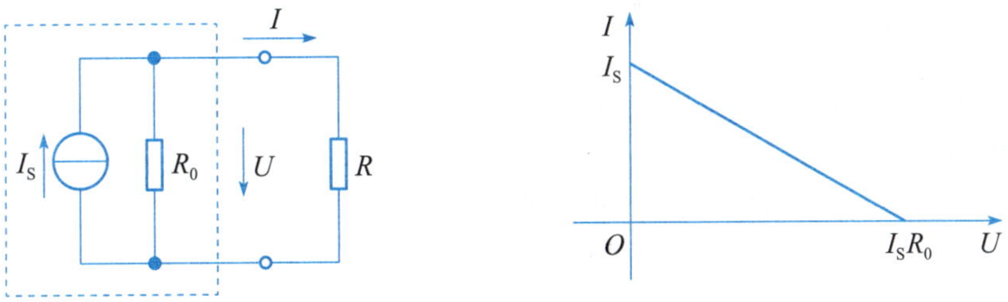

(a) 模型电路　　(b) 伏安特性

图 2-20　实际电流源模型及伏安特性

电流源对外电路输出的电压与电流的关系（伏安特性方程）为：

$$I=I_S-\frac{U}{R_0}$$

笔记栏

上式表明，电流源的输出电流与输出电压的高低有关；输出电压 U 越高，电源内阻上通过的电流越大，输出电流 I 越小，其伏安特性是一条下降的直线，如图 2-20（b）所示。

（五）两种实际电源模型的等效互换

一个实际的电源，既可以用理想电压源与内阻串联表示，也可以用一个理想电流源与内阻并联来表示。对于外电路而言，如果电源的外特性相同，无论采用哪种模型计算外电路电阻上的电流、电压，结果都会相同。此时，电压源和电流源这两种电源对外电路而言是等效的。为了方便电路的分析和计算，往往需要将电压模型与电流模型进行等效互换。如图 2-21 所示为电压源与电流源等效互换模型。

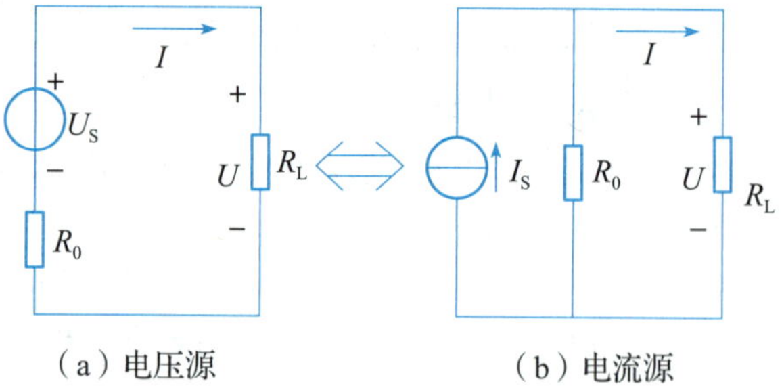

图 2-21 电压源与电流源等效互换模型

进行电源模型的等效互换时，应注意以下几个问题：

（1）电压源与电流源的等效互换只能对外电路等效，对内电路（电源内部）是不等效的。

（2）电压源从负极到正极的方向与电流源电流的方向在互换前后应保持一致。即在进行两种模型之间的等效互换时，电压源模型中电压源的参考正极接哪一端，等效电流源模型的电流的参考方向就指向哪一端。反之亦然。

（3）理想电压源与理想电流源不能进行等效互换，因为这两者的伏安特性完全不同。

三、电阻元件与欧姆定律

（一）电阻元件

在物理学中，电阻用于表示导体对电流阻碍作用的大小。用符号 R 表示。导体的电阻越大，表示导体对电流的阻碍作用越大。当温度一定时，均匀导体的电阻与导体的长度成正比，与导体的横截面积成反比，并与导体的材料性质有关，即：

$$R=\rho\frac{l}{S}$$

不同的材料有不同的电阻率，电阻率的大小反映了各种材料导电性能的好坏。电阻率越大，导电性能越差。

电阻元件按其伏安特性曲线是否为通过原点的直线，可分为线性电阻元件和非线性电阻元件，按其特性曲线是否随时间变化，又分为时变电阻元件和非时变电阻元件。

电阻的倒数叫作电导。用符号 G 表示，即：

$$G=\frac{1}{R}$$

导体的电阻越小，电导就越大，表明导体的导电性能就越好。电导的单位是西门子，简称西，用字母 S 表示。

（二）电阻的串、并联

1. 电阻的串联

在电路中，将两个或两个以上的电阻首尾依次相连，构成一个无分支的电路，这种连接方式叫作电阻的串联。三个电阻串联的电路如图2－22所示。

（1）电阻串联电路的特点。

①电阻串联时，流过每个电阻的电流都相等，即：

$$I=I_1=I_2=I_3$$

②电阻串联电路中，电路两端的总电压等于各电阻两端的电压之和，即：

$$U=U_1+U_2+U_3$$

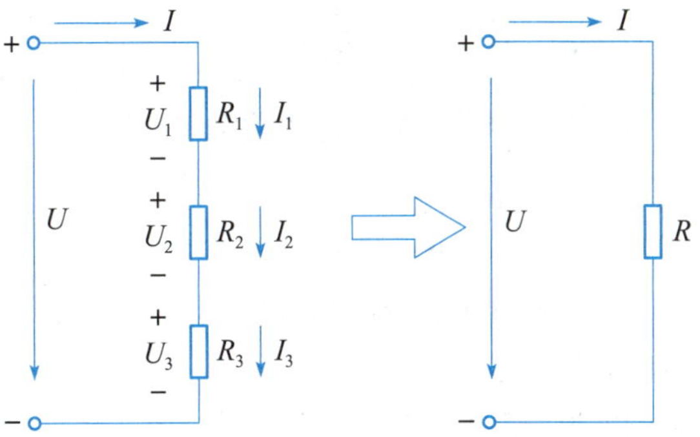

图2－22　三个电阻串联的电路

③电阻串联电路中，总电阻（等效电阻）等于各个电阻之和，即：

$$R=R_1+R_2+R_3$$

④电阻串联电路中，各电阻上电压的分配与电阻的阻值成正比，即：

$$\frac{U_n}{U}=\frac{IR_n}{IR}=\frac{R_n}{R}$$

$$U_n=\frac{R_n}{R}U$$

⑤电阻串联电路中，消耗的总功率等于各电阻消耗的功率之和。

$$P=P_1+P_2+P_3$$

（2）电阻串联电路的应用。

①几只电阻串联可获得阻值较大的电阻。

②构成分压器。

2. 电阻的并联

在电路中，将两个或两个以上的电阻并列连接在相同两点之间，这种连接方式叫作电阻的并联。三个电阻并联的电路如图2－23所示。

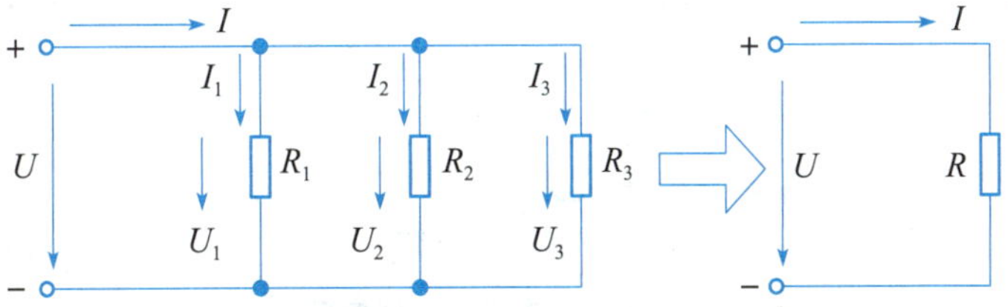

图2－23　三个电阻并联的电路

（1）电阻并联电路的特点。

①电阻并联时，电路两端的总电压与各电阻两端的电压相等，即：

$$U=U_1=U_2=U_3$$

②电阻并联电路中，总电流等于流过各电阻的电流之和，即：

$$I=I_1+I_2+I_3$$

③电阻并联电路中，总电阻（即等效电阻）的倒数等于各电阻的倒数之和，即：

笔记栏

$$\frac{1}{R}=\frac{1}{R_1}+\frac{1}{R_2}+\frac{1}{R_3}$$

当两个电阻并联时，总电阻为

$$R=\frac{R_1R_2}{R_1+R_2}$$

④电阻并联电路中，各电阻上分配的电流与其阻值成反比，即阻值越大的电阻所分配的电流越小，反之电流越大。

两个电阻并联时的分流公式为：

$$I_1=\frac{R_2}{R_1+R_2}I \quad I_2=\frac{R_1}{R_1+R_2}I$$

⑤电阻并联电路中，各电阻上消耗的功率与其阻值成反比，即：

$$P_n=\frac{U^2}{R_n}$$

⑥电路消耗的总功率等于并联的各电阻消耗的功率之和，即：

$$P=UI=\frac{U^2}{R_1}+\frac{U^2}{R_2}+\cdots+\frac{U^2}{R_n}$$

通常，负载都是并联使用的。负载并联使用时，它们处于同一电压之下，任何一个负载的工作情况基本不受其他负载的影响。并联的负载电阻越多（负载增加），则总电阻越小，电路中总电流和总功率也就越大。

（2）电阻并联电路的应用。

①几只电阻并联可获得较小阻值的电阻。

②用并联电阻的方法可扩大电流表的量程。

3. 电阻的混联

在电路中，既有电阻串联又有电阻并联的方式的电路，叫作电阻的混联电路，如图 2－24 所示。

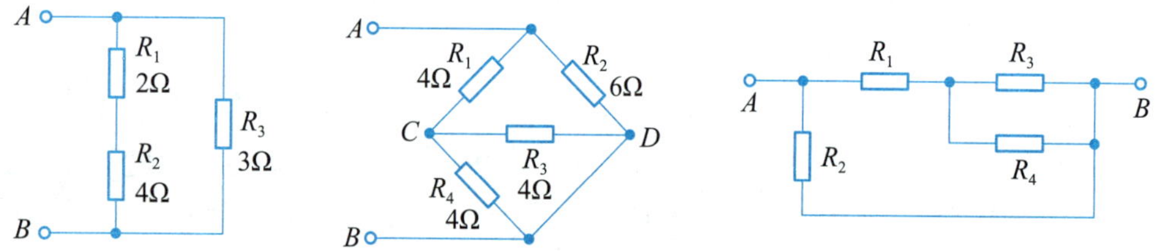

（a）简单的混联电路　（b）复杂的混联电路　（c）等效电路

图 2－24　电阻的混联电路

如图 2－24（a）所示，电阻 R_1、R_2 串联后与 R_3 并联，三个电阻混联后的等效电阻为：

$$R=\frac{(R_1+R_2)R_3}{R_1+R_2+R_3}=\frac{(2+4)\times 3}{2+4+3}=2\Omega$$

如图 2－24（b）所示电路的连接关系复杂一些，可采用画等效电路的方法，将其改画成容易判别串、并联关系的电路，如图 2－24（c）所示，然后进行计算。等效电阻为：

$$R_{134}=R_1+\frac{R_3R_4}{R_3+R_4}=R_1+\frac{R_3}{2}=4+\frac{4}{2}=6\Omega$$

笔记栏

$$R=R_{AB}=\frac{R_2R_{134}}{R_2+R_{134}}=\frac{R_2}{2}=\frac{6}{2}=3\Omega$$

（三）欧姆定律

德国物理学家欧姆通过实验研究出了电阻两端电流与电压的关系，得出以下结论：

流过电阻 R 的电流，与电阻两端的电压 U 成正比，与电阻 R 成反比，这个结论叫作欧姆定律。如图 2－25（a）所示，电流、电压取关联参考方向时，欧姆定律用公式表示为：

$$I=\frac{U}{R}$$

电流、电压取非关联参考方向时，欧姆定律用公式表示为：

$$I=-\frac{U}{R}$$

对于图 2－25（b）所示的含有电源的全电路来说，电路中的电流为：

$$I=\frac{U_S}{R_0+R}$$

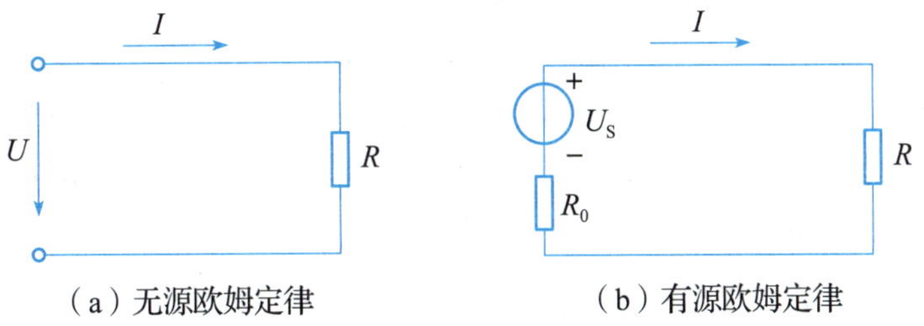

图 2－25　欧姆定律

四、基尔霍夫定律

欧姆定律与基尔霍夫定律都是分析电路的依据。欧姆定律反映了线性元件上电流与电压的约束关系，基尔霍夫定律反映了电路中电流之间或电压之间的约束关系。

基尔霍夫定律包括基尔霍夫电流定律和基尔霍夫电压定律，是分析与计算电路的基本定律，适用于各种线性及非线性电路的分析运算。它仅取决于电路中各元件的连接方式，而与各元件本身的物理特性无关。在叙述基尔霍夫定律之前，先定义几个术语。

（1）节点：电路中三条或三条以上支路的连接点称为节点。图 2－26 中有 a、b 两个节点。

（2）支路：电路中任意两个节点之间的电路称为支路。图 2－26 中有三条支路：aeb 支路不含电源，称为无源支路，acb、adb 支路含有电源，称为有源支路。

（3）回路：电路中任一闭合路径即称为回路。图 2－26 中有 $adbca$、$acbea$、$adbea$ 三条回路。

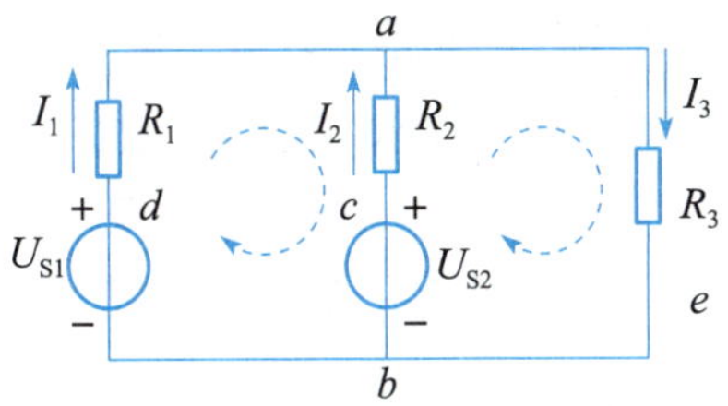

图 2－26　复杂电路

（4）网孔：内部不包含任何支路的回路称为网孔，也称单孔回路。图 2－26 中的 $adbca$、$acbea$ 这两个回路是网孔，其余回路不是网孔。

（一）基尔霍夫电流定律

基尔霍夫电流定律（KCL），又称基尔霍夫第一定律。它反映了电路中与节点相连的各支

笔记栏

路电流间的相互关系。其内容是，对于电路中的任何一个节点，在任何瞬间，流入节点的电流之和等于流出节点的电流之和，即：

$$\sum I_{入}=\sum I_{出}$$

显然，在图 2-26 所示电路中，对节点 a 可写出：

$$I_1+I_2=I_3$$

这个定律也可用另一种方式叙述：对于电路中的任意节点，在任意时刻，通过电路中任一节点的电流的代数和为零，即：

$$\sum I=0$$

KCL 通常用于分析节点，但也可以将其拓展应用于包围部分电路的任一假设的闭合面（即广义节点）。即在任一瞬时，流入闭合面的电流等于流出闭合面的电流。电路中，虚线表示一闭合面，有：

$$I_a+I_b+I_c=0$$

微课：基尔霍夫定律

（二）基尔霍夫电压定律

基尔霍夫电压定律（KVL），又称基尔霍夫第二定律。它反映了电路任一回路中各段电压间相互制约的关系。其内容是，在任何瞬时，对于电路中的任意回路，沿任意规定的（顺时针或逆时针）方向绕行一周，各部分电压的代数和等于零，即：

$$\sum U=0$$

式中，若电压 U 的参考方向与绕行方向一致，则该电压前取正号，相反取负号。

在图 2-27 所示的回路中，若以顺时针方向为绕行方向，对回路列出的 KVL 方程为：

$$-U_1+U_3-U_4+U_2=0$$

将其物理量代入上式可改写为：

$$I_1R_1-I_2R_2-U_{S1}+U_{S2}=0$$

基尔霍夫电压定律不仅适用于闭合回路，也可以应用于不闭合的电路中。如图 2-28 所示，a、b 两点间没有元件连接，可假想 a、b 由某元件连接，元件两端的电压为 U_{ab}，可用 U_{ab} 作为回路电压的一部分列基尔霍夫电压定律方程，有：

$$U_{ab}+I_3R_3+I_1R_1-I_2R_2=U_{S1}-U_{S2}$$

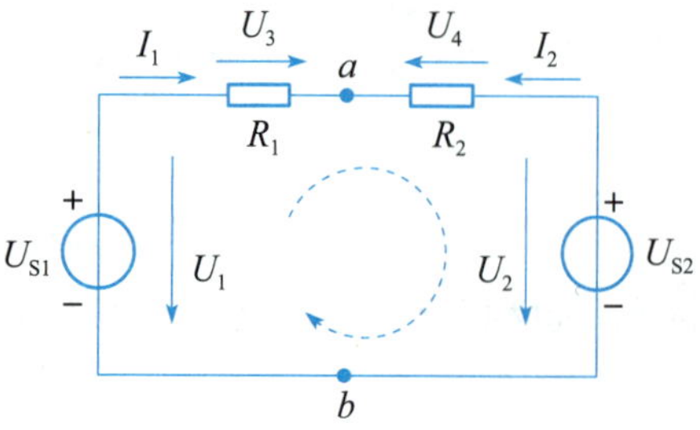

图 2-27　KVL 回路

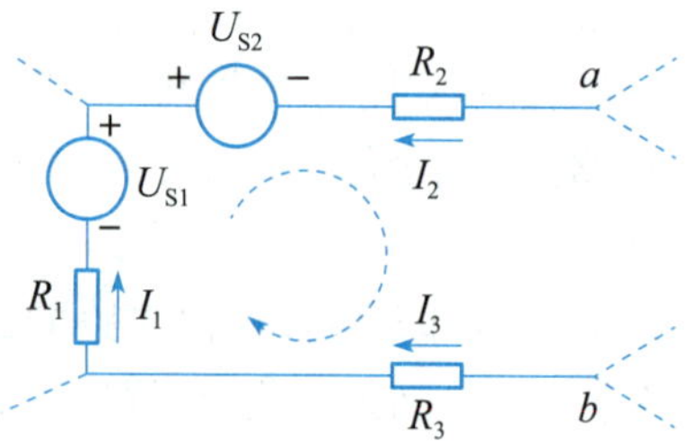

图 2-28　KVL 拓展

笔记栏

基尔霍夫定律既适用于直流电路，也适用于交流电路。而且不论元件是线性还是非线性，这两个公式都成立。

微课：支路电流法

五、支路电流法

在由多个电源及电阻组成的结构复杂的电路中，凡不能用电阻的串、并联等效变换方式化简的电路，一般称为复杂电路。计算复杂电路的方法有很多，支路电流法是最基本的方法之一。

支路电流法是以支路电流为未知量，根据基尔霍夫的两条定律，分别对节点和回路列出与未知数数目相等的独立方程，从而解出各未知量的方法。应用支路电流法的解题步骤如下：

（1）在给定的电路中，找出节点数 n 和支路数 m，标出各支路电流的参考方向和回路的绕行方向。参考方向可以任意选定，如与实际方向相反，求得的电流将为负值。

（2）根据基尔霍夫电流定律列出 $n-1$ 个独立的节点电流方程。

（3）根据基尔霍夫电压定律列出 $m-(n-1)$ 个独立的回路电压方程，为保证每个方程为独立方程，通常可选网孔列出电压方程。

（4）联立方程，求解各支路的电流。

（5）注意：当支路数较多时，所需方程的个数也较多，采用支路电流法求解则不太方便。

【例 2-1】 如图 2-29 所示电路，已知 $E_1=42V$，$E_2=21V$，$R_1=12\Omega$，$R_2=3\Omega$，$R_3=6\Omega$，试求各支路电流 I_1、I_2、I_3。

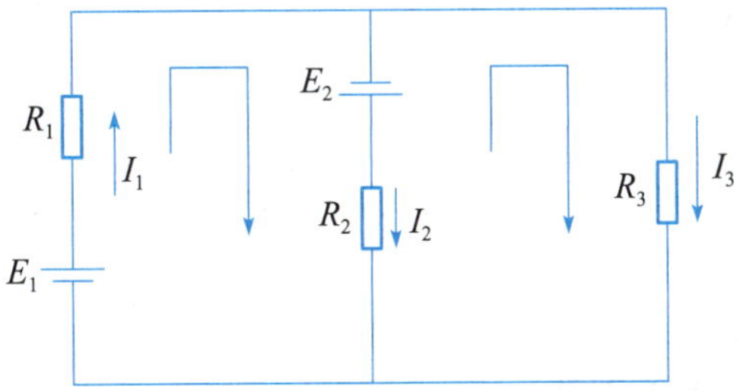

图 2-29　电路图

解：（1）假定并标示各支路电流的参考方向和回路绕行方向，如图 2-29 所示。

（2）根据基尔霍夫电流定律（KCL）列出节点电流方程。因为该电路节点数 $n=2$，所以列出 1 个独立节点电流方程，即：

$$I_1=I_2+I_3 \qquad \text{（任一节点）}$$

（3）根据基尔霍夫电压定律（KVL）列出独立回路的电压方程。因为该电路支路 $b=3$，节点数 $n=2$，所以列出 2 个独立回路的电压方程，即：

$$R_1I_1+R_2I_2=E_1+E_2 \qquad \text{（网孔 1）}$$
$$R_3I_3-R_2I_2=-E_2 \qquad \text{（网孔 2）}$$

（4）代入已知数，联立方程，求出各支路电流：

$$I_1=4A \quad I_2=5A \quad I_3=-1A$$

（5）电流 $I_1>0$ 与 $I_2>0$，表明它们的实际方向与图中标定的参考方向相同；$I_3<0$，表明它的实际方向与图中标定的参考方向相反。

微课：叠加定理

六、叠加定理

叠加定理是线性电路的一个基本定理，它体现了线性网络的基本性质。在网络理论中占有重要地位，是分析线性电路的基础，线性电路中的许多定理可以由叠加定理导出。

叠加定理的内容：对于线性电路，当电路中有两个或两个以上的独立源作用时，任何一条支路的电流（或电压），等于电路中每个独立源分别单独作用时，在该支路产生的电流（或电压）的代数和。

笔记栏

一个独立源单独作用，意味着其他独立源不作用，即不作用的电压源的输出电压为零，电压源视为短路；不作用的电流源的输出电流为零，电流源视为开路；但它们的内阻都必须保留。

应用叠加定理进行电路分析时，应注意以下几点：

（1）叠加定理只能用来计算线性电路的电流和电压，不适用于功率的计算。对于非线性电路，叠加定理则不适用。

（2）化为几个单电源电路进行计算时，所谓电压源不作用，就是在该电压源处用短路代替；电流源不作用，就是在该电流源处用开路代替；所有电阻不变。

（3）最后叠加时，各独立电源单独作用时所取电流（或电压）参考方向与原电路中标的参考方向一致时取正号，反之取负号。

【例 2－2】 如图 2－30（a）所示电路，已知 $E_1=17\text{V}$，$E_2=17\text{V}$，$R_1=2\Omega$，$R_2=1\Omega$，$R_3=5\Omega$，试应用叠加定理求各支路电流 I_1、I_2、I_3。

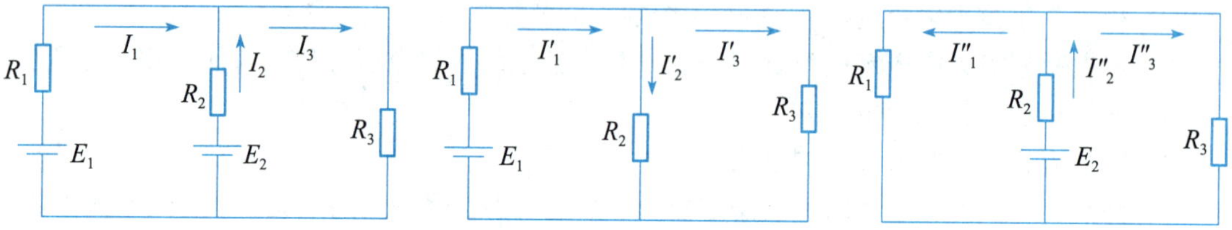

（a）电路原图　（b）电源E_1单独作用　（c）电源E_2单独作用

图 2－30　电路图

解：（1）当电源 E_1 单独作用时，将 E_2 视为短路，如图 2－30（b）所示。设 R_{23} 是 R_2 与 R_3 并联后的电阻，$R_{23}=0.83\Omega$。

则：

$$I'_1=\frac{E_1}{R_1+R_{23}}=\frac{17}{2.83}=6\text{A}$$

$$I'_2=\frac{R_3}{R_2+R_3}I'_1=5\text{A}$$

$$I'_3=\frac{R_2}{R_2+R_3}I'_1=1\text{A}$$

动画：多电源电路的测量与分析

（2）当电源 E_2 单独作用时，将 E_1 视为短路，如图 2－30（c）所示。设 R_{13} 是 R_1 与 R_3 并联后的电阻，$R_{13}=1.43\Omega$。

则：

$$I''_2=\frac{E_2}{R_2+R_{13}}=\frac{17}{2.43}=7\text{A}$$

$$I''_1=\frac{R_3}{R_1+R_3}I''_2=5\text{A}$$

$$I''_3=\frac{R_2}{R_1+R_3}I''_2=2\text{A}$$

七、戴维南定理

任何一个复杂电路，如果只需要研究某一条支路中的电流、电压等，而不需要求其余支路的电流时，最简单的方法是利用戴维南定理来计算。

微课：戴维南定理

笔记栏

动画：等效电路的构建与分析

（一）二端网络的有关概念

电路也叫电网络或网络。二端网络是指有两个引出端与外电路相连，不管其内部结构如何的网络。二端网络按其内部是否含有电源，可分为无源二端网络和有源二端网络两种。

1. 无源二端网络

内部不含电源的二端网络称为无源二端网络。一个由若干电阻组成的无源二端网络可以等效成一个电阻，这个电阻叫作该二端网络的输入电阻，即从两个端点看进去的总电阻。如图2-31所示，$R=R_1+R_2+R_3$。

2. 有源二端网络

内部含有电源的二端网络称为有源二端网络。该网络两端点之间开路时的电压叫作该二端网络的开路电压。

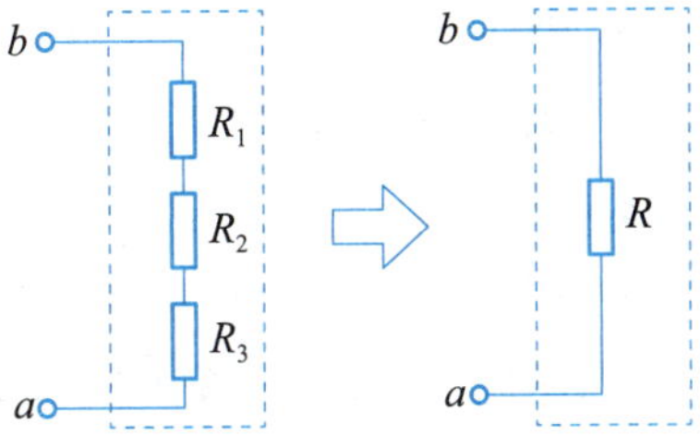

图2-31 无源二端网络

（二）戴维南定理

戴维南定理：对于外电路来说，一个线性有源二端网络可以用一个电源来代替，该电源的电动势E_0等于该二端网络的开路电压，其内电阻R_0等于该二端网络中所有电源不作用（即令电压源短路、电流源开路），仅保留其内阻时网络两端的等效电阻（输入电阻）。该定理又称为等效电压源定理。

【例2-3】 如图2-32（a）所示电路，已知$E_1=7V$，$E_2=6.2V$，$R_1=R_2=0.2\Omega$，$R=3.2\Omega$，试应用戴维南定理求电阻R中的电流I。

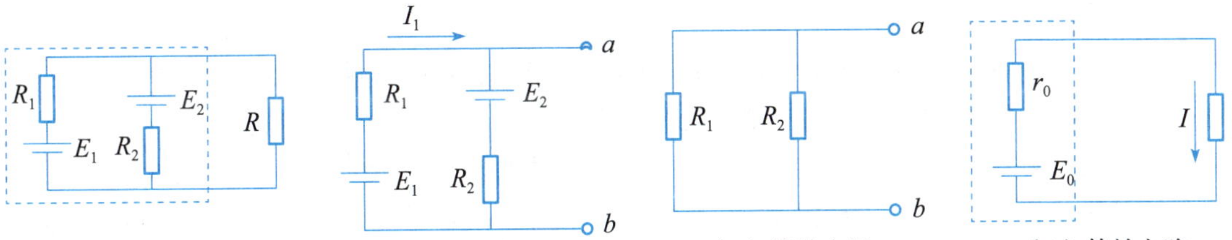

（a）电路原图　（b）开路电压　（c）等效电阻　（d）等效电路

图2-32 有源二端网络

解：（1）将R所在支路开路去掉，如图2-32（b）所示，开路电压U_{ab}为

$$I_1=\frac{E_1-E_2}{R_1+R_2}=\frac{0.8}{0.4}=2A$$

$$U_{ab}=E_2+R_2I_1=6.2+0.4=6.6V=E_0$$

（2）将电压源去掉，仅保留电源内阻，如图2-32（c）所示，等效电阻R_{ab}为R_1与R_2并联后的电阻，$R_{ab}=0.1\Omega=r_0$。

（3）画出戴维南等效电路，如图2-32（d）所示，则电阻R中的电流I为

$$I=\frac{E_0}{r_0+R}=\frac{6.6}{3.3}=2A$$

八、焊接技术

（一）焊接工具

电子产品的装配离不开常用安装工具，正确有效地使用安装工具能够提高工作效率。

笔记栏

1. 尖嘴钳

尖嘴钳的钳口长而细，钳口末端较小，钳口根部较粗。尖嘴钳用于折弯和加工细导线以及夹持小零件，不能用于弯折粗导线。

2. 斜口钳

斜口钳的钳口短，且有很平的刃口，其钳口位于侧面。斜口钳可用于剪切细小的导线，也可用于修整印制电路板和装配中使用的塑料等。

3. 平口钳

平口钳也叫电工钳，它具有厚型钳口，钳口结实且带有纹路。平口钳主要用于重型作业。

4. 剥线钳

剥线钳的刃口有不同尺寸的槽形剪口，专门用于剥去导线的绝缘皮。使用剥线钳时必须注意，应把需要剥皮的导线放入合适的槽口，否则会损伤芯线。

5. 镊子

镊子有尖嘴镊子和圆嘴镊子两种，主要用作夹具。焊接、拆卸很小的电子元件时，镊子便于操作，且有助于元器件散热。

6. 螺钉旋具（螺丝刀）

常用的螺钉旋具有平口螺钉旋具和十字螺钉旋具，用于紧固、拆卸螺钉，调整可调元件。操作时，所用螺钉旋具的型号一定要适当。过大，会因为调节力矩过大而损坏被调元件；过小，会因为调节力矩不均而损坏螺钉旋具。

7. 常见的电烙铁

电烙铁作为传统的电路焊接工具，与先进的焊接设备相比，其缺点是只适合手工焊接，效率低，焊接质量不便通过科学方法控制，受操作人员的技术水平、体力消耗程度及工作责任心影响较大。此外，烙铁头容易带电，直接影响被焊元件的质量、威胁操作人员的安全，因此使用前必须严格检查。不过，由于电烙铁具有操作灵活、价格低廉的优点，因此仍是电子电路焊接的必备工具。电烙铁具有许多品种和规格，按发热方式来分，目前主要有电阻式和电感式两大类，并由此派生出许多不同的品种。

（1）外热式电烙铁。

外热式电烙铁的规格很多，常用的有 25W、45W、75W、100W 等。电烙铁功率越大，烙铁头的温度越高。外热式电烙铁的结构如图 2-33 所示，主要由烙铁头、烙铁芯、外壳、木柄、电源引线和插头组成。由于发热的烙铁芯在烙铁头的外面，因此称为外热式电烙铁。

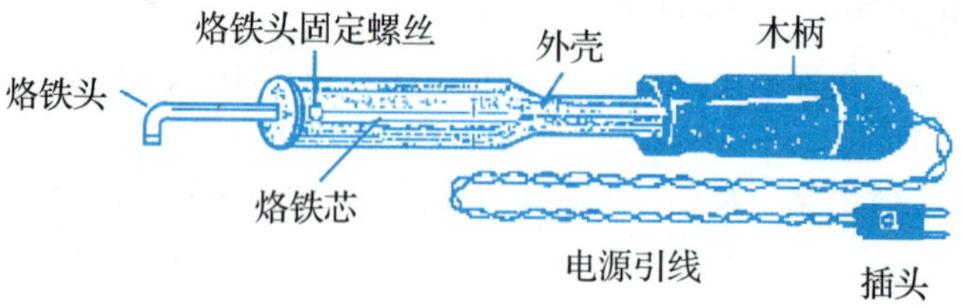

图 2-33 外热式电烙铁的结构

烙铁头是决定焊接质量和工作效率的重要因素。一般的烙铁头是用纯铜制作的，作用是储存和传导热量，它的温度必须比被焊接材料的熔点高。纯铜的润湿性和导热性非常好，最大的缺点是容易被焊锡腐蚀和氧化，使用寿命短。为了改善烙铁头的性能，可以对铜烙铁头

笔记栏

进行电镀处理，常见的有镀镍、镀铁。烙铁的温度与烙铁头的体积、形状、长短等有一定的关系。

（2）内热式电烙铁。

内热式电烙铁的常用规格有20W、30W、50W等。内热式电烙铁的烙铁芯是用比较细的镍铬电阻丝绕在瓷管上制成的，其电阻值约为2.4kΩ（20W），烙铁的温度一般可达350℃。由于热效率高，20W内热式电烙铁就相当于40W外热式电烙铁。内热式电烙铁具有升温快、重量轻、省电、体积小、热效率高的特点，应用广泛。

（3）恒温电烙铁。

由于在焊接集成电路、晶体管元器件时，温度不能太高，焊接时间不能过长，否则过高的温度会损坏元器件，因此对电烙铁的温度要加以限制。而恒温电烙铁则不存在这种问题，这是因为恒温电烙铁头内部装有磁铁式温度控制器，可通过控制通电时间来实现温控。即给电烙铁通电时，烙铁的温度上升，达到预定温度后，强磁体传感器达到居里点而使磁性消失，从而将磁芯触点断开，便停止向电烙铁供电；当温度低于强磁体传感器的居里点时，强磁体便恢复磁性，并吸动磁芯开关中的永久磁铁，使控制开关的触点接通，继续向电烙铁供电。如此循环往复，便可达到控制温度的目的。

（4）吸锡电烙铁。

吸锡电烙铁是将活塞式吸锡器与电烙铁熔为一体的拆焊工具，具有操作方便、适用范围广等特点。吸锡电烙铁的不足之处是每次只能对一个焊点进行拆焊。

吸锡电烙铁的使用方法：接通电源预热3～5分钟，然后将活塞柄推下并卡住，将吸锡铁的吸头前端对准欲拆焊的焊点，待焊锡熔化后，按下吸锡电烙铁手柄上的按钮，活塞便自动上升，将焊锡吸进气筒。吸锡器配有两个以上直径不同的吸头，可根据元器件引线的粗细进行选择。

（5）感应式电烙铁。

感应式电烙铁也叫速热烙铁，俗称焊枪，如图2-34所示。其内部有一个变压器，这个变压器的次级实际只有一匝。所以，通电时变压器的次级会感应出大电流通过加热体，使与它相连的烙铁头迅速达到焊接所需要的温度。由于这种烙铁加热速度快，一般通电几秒钟即可达到焊接温度，因此不需要像直热式电烙铁那样持续加热。它的手柄上带有开关，特别适合断续工作。

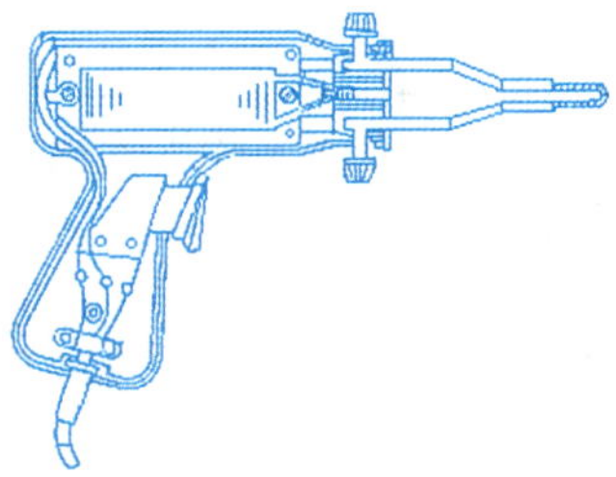

图2-34 感应式电烙铁

8. 电烙铁的选用

电烙铁的种类及规格有很多，使用时，可根据不同的被焊工件合理地选用电烙铁的功率、种类和烙铁头的形状等。常规焊接可选内热式电烙铁。焊接大型元器件或直径较粗的导线时，应选择功率较大的外热式电烙铁。

如果被焊件较大，电烙铁功率较小，则会出现焊接温度过低，焊料熔化较慢，焊剂不能挥发，焊点不光滑、不牢固的现象，势必导致焊接强度和质量不合格，甚至焊料不能熔化，使焊接工作无法进行。如果电烙铁的功率太大，会将过多的热量传递到被焊工件上，使元器件的焊点过热，造成元器件损坏，甚至使印制电路板的铜箔脱落，出现焊料在焊接面上流动过快且无法控制的情况。

（1）焊接集成电路、晶体管、受热易损元器件或小型元器件时，应选用20W内热式电烙铁或恒温电烙铁。

笔记栏

（2）焊接导线及同轴电缆时，应选用 45～75W 外热式电烙铁，或 50W 内热式电烙铁。

（3）对于较大的元器件，如变压器的引线脚、大电解电容的引线脚、金属底盘接地焊片或照明电路的连接，应选用 100W 以上的电烙铁。

9. 电烙铁的正确使用

（1）电烙铁的握法。

使用电烙铁的目的是熔化焊锡以连接被焊件，所以既要确保焊接牢靠，又不能烫伤、损坏被焊件及导线，必须掌握被焊件的位置、大小及电烙铁的规格，熟练掌控电烙铁。电烙铁的握法可分为三种，如图 2－35 所示。如图 2－35（a）所示为反握式，该方法焊接动作平稳，长时间操作不易疲劳，适用于大功率电烙铁的操作、焊接散热量较大的被焊件或组装流水线操作。如图 2－35（b）所示为正握式，该方法适用于功率比较大的电烙铁或带弯形烙铁头的电烙铁。如图 2－35（c）所示为握笔式，该方法适用于小功率电烙铁的操作、焊接散热量小的被焊件，如焊接收音机、电视机的印制电路板，但长时间操作易疲劳。

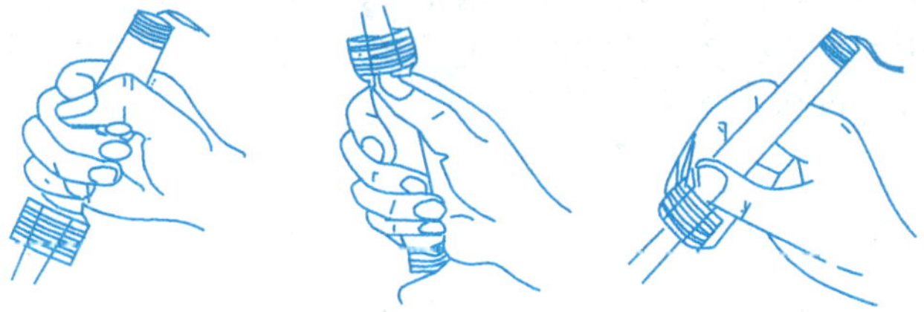

（a）反握式　（b）正握式　（c）握笔式

图 2－35　电烙铁的握法

（2）烙铁头的处理。

烙铁头是用纯铜制作的，在焊锡的润湿性和导热性方面性能优秀。但其最大的弱点是容易被焊锡腐蚀和氧化。

使用电烙铁前，应先用砂布打磨几下烙铁头，将氧化层除去，然后给电烙铁通电加热并蘸一点儿松香焊剂，趁烙铁热时在烙铁头的斜面上挂上一层焊锡，这样能防止烙铁头因长时间加热而被氧化。

使用一段时间后，烙铁头可能被焊锡腐蚀，头部斜面不平，不利于热量传递；或是烙铁头氧化后不再“吃锡”，这种情况，烙铁头虽然很热，但焊不上元件。上述两种情况均需要处理，方法是用锉刀将烙铁头锉平，然后按照使用新烙铁的方法处理烙铁头。

（3）烙铁头温度的判别和调整。

通常，可根据助焊剂的发烟状态目测判断烙铁头的温度，如图 2－36 所示。温度低时，发烟量小，持续时间长；温度高时，发烟量大，助焊剂消散快；在中等发烟状态，6～8 秒后温度约为 300℃，这时是焊接的合适温度。

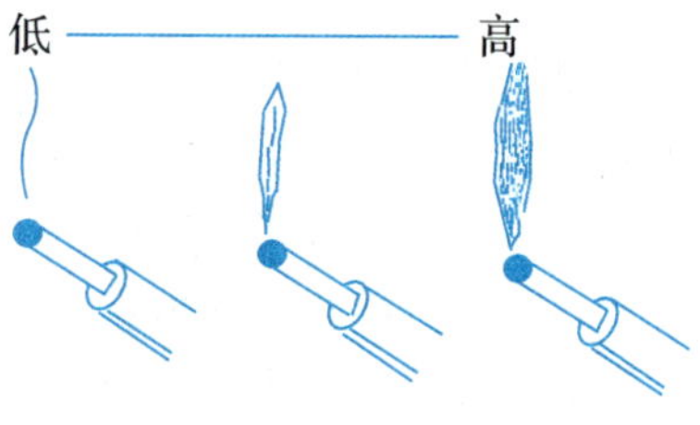

图 2－36　烙铁头温度判别

烙铁头温度的调整：电烙铁功率大小选定后，已基本满足焊接温度的需要，但是仍不能完全适应印制电路板中所装元器件的需求。例如，焊接集成电路和晶体管时，烙铁头的温度就不能太高，且时间不能过长。此时可对烙铁头插在导热管上的长度进行调整，进而控制烙铁头的温度。

（4）电烙铁的使用注意事项。

①在使用前或更换烙铁芯后，必须检查电源线与地线的接头是否正确。注意接地线时要正

笔记栏

确地接在烙铁的壳体上，如果接错将使烙铁外壳带电，人体触及烙铁外壳就会触电，焊接时则会损坏元器件。

②在使用电烙铁的过程中，注意不要烫破电烙铁的电源线，否则可能导致触电。应随时检查电烙铁的插头、电源线，发现破损或老化时及时更换。

③在使用电烙铁的过程中，一定要轻拿轻放，且拿稳手柄部位。不焊接时，要将电烙铁放到烙铁架上，以免烫伤人；长时间不使用时应切断电源，防止烙铁头氧化；不能用电烙铁敲击被焊工件；烙铁头上多余的焊锡要用潮湿的抹布或其他工具去除，不要随便抛甩，以防溅到人身上造成烫伤，若溅到设备内，会造成短路。

④最好选用松香或弱酸性助焊剂，以保护烙铁头不被腐蚀。

⑤经常用湿布、浸水的海绵擦拭烙铁头，既可使烙铁头良好挂锡，又可防止残留助焊剂腐蚀烙铁头。

⑥焊接完毕，应保留烙铁头上的残留焊锡，以防止再次加热时出现氧化层。

⑦因为焊剂加热时挥发的化学物质对人体有害，所以人体头部与烙铁头要保持30cm以上的距离，以避免吸入过多的有害气体。

（二）焊接材料

电子电路的焊接原理：将熔点比被焊件低的焊料与被焊件一同加热，使焊料熔化（被焊件不熔化），借助接头处的表面的润湿作用，使熔融的焊料流布并充满连接处的缝隙而凝固。

1. 焊料的优点和组成

电子电路焊接主要使用的是锡铅合金焊料（焊锡），应用广泛。锡铅合金焊料具有以下优点：

（1）熔点低。各种不同成分的锡铅合金熔点均低于锡和铅各自的熔点，铅的熔点为327℃，锡的熔点为232℃。而锡铅合金在180℃时便可熔化，使用25W外热式或20W内热式电烙铁便可进行焊接。

（2）机械强度高。锡铅合金的各种机械强度均比纯锡、纯铅高。

（3）焊点可靠。表面张力小，黏性下降，增大了液态流动性，有利于焊接时形成可靠的焊点。

（4）导电性好。锡、铅焊料均属于良导体，它们的电阻很小。

（5）抗氧化性好。铅具有的抗氧化性优点在锡铅合金中继续保持，可在熔化时减少焊料的氧化量。

由于锡铅焊料是由两种以上金属按照不同的比例组成的，因此锡铅合金的性能会随着锡铅的配比变化而变化。市场上出售的焊锡，生产厂家不同，配制比例也不同，应根据焊接需要选择最佳配比。

常用的焊锡配比如下：

（1）SAC 305：银3%、铜0.5%、锡96.5%，熔点约为217℃。

（2）Sn-0.7Cu：铜0.7%、锡99.3%，熔点约为227℃。

（3）Sn-58Bi：锡42%、铋58%，熔点约为138℃。

2. 常用的焊接材料

（1）管状焊锡丝。

常用的焊料是焊锡丝，其内部夹有固体焊剂——松香。焊锡丝的直径种类很多，常用的有4mm、3mm、2mm、1.5mm、1mm、0.8mm、0.5mm等。这类焊锡适用于手工焊接。

笔记栏

(2) 焊膏。

焊膏由焊料合金粉末和助焊剂组成，制成糊状物。焊膏能方便地用丝网、模板或点膏机印涂在印制电路板上，是表面安装技术中常用的贴装材料，适用于再流焊元器件和贴片元器件的焊接。

(3) 助焊剂。

助焊剂又叫焊剂，一般由活化剂、树脂、扩散剂、溶剂四部分组成，作用如下：

①除去氧化膜。

焊接时，为使被焊件与焊料焊接牢靠，必须确保金属表面无氧化物和杂质，因此，焊接前必须采取各种有效措施将氧化物和杂质除去，常用的方法有两种，即机械方法和化学方法。机械方法是用砂纸、镊子或刀将其除掉。化学方法则是用助焊剂清除。助焊剂中含有氯化物和酸类物质，能同氧化物发生还原反应，从而除去工件表面的氧化膜。用助焊剂清除的方法具有不损坏被焊件及效率高等特点，应用广泛。

②防止氧化。

焊接时必须把被焊金属加热到使焊料润湿并产生扩散的温度，但是随着温度的升高，金属表面的氧化速度就会加快，而助焊剂此时会在整个金属表面形成一层薄膜，包住金属使其与空气隔绝，从而起到在加热过程中防止氧化的作用。

③增强焊料流动性，减小表面张力。

焊料熔化后应贴附于金属表面，但在焊料本身表面张力的作用下，焊料会变成球状，使附着力降低，而助焊剂有增强焊料流动性，减小表面张力的功能，故可增强焊料的附着力，提升焊接质量。

④使焊点更光亮、美观。

合适的助焊剂能够控制焊点形状，保持焊点表面的光泽度。

(4) 对助焊剂的要求。

①熔点应低于焊料，只有这样才能发挥助焊剂的作用。

②表面张力、黏度、比重应小于焊料。

③残渣应容易清除。这是因为助焊剂都具有酸性，会腐蚀金属，而且残渣影响美观。

④不能腐蚀母材。助焊剂酸性太强，在除去氧化膜的同时，也会腐蚀金属。

⑤不产生有害气体和臭味。

3. 助焊剂的分类与选用

助焊剂可分为无机助焊剂、有机助焊剂和树脂助焊剂三大类。其中，以松香为主要成分的树脂助焊剂在电子产品生产中占有重要地位，是专用型助焊剂。

(1) 无机助焊剂。无机助焊剂的活性最强，常温下就能除去金属表面的氧化膜。但这种强腐蚀作用很容易损伤金属及焊点，电子焊接作业通常不采用。

(2) 有机助焊剂。有机助焊剂具有较好的助焊作用，但也有一定的腐蚀性，残渣不易清除，且挥发物污染空气，因此一般不单独使用，而是作为活化剂与松香一起使用。

(3) 树脂助焊剂。这种助焊剂的主要成分是松香。松香的主要成分是松香酸和松香酯酸酐，在常温下几乎没有任何化学活力，呈中性，加热到熔化时呈弱酸性。可与金属氧化膜发生还原反应，生成的化合物悬浮在液态焊锡表面，可使焊锡表面不被氧化。焊接完毕恢复常温后，松香又变成固体，无腐蚀，无污染，绝缘性能好。

松香酒精助焊剂是指用无水乙醇溶解纯松香配制成的25%～30%的乙醇溶液。这种焊剂的优点是没有腐蚀性；具有高绝缘性能和长期的稳定性及耐湿性；焊接后容易清洗，并形成膜层覆盖焊点，使焊点不会被氧化腐蚀。

笔记栏

松香反复加热后会碳化（发黑）而失效，发黑的松香不起助焊作用。现在普遍使用氢化松香，从松脂中提炼出来，是专为锡焊生产的一种高活性松香，常温下性能比普通松香稳定，助焊作用也更强。

选用助焊剂时，应优先考虑被焊金属的焊接性能及氧化、污染等情况。铂、金、银、铜、锡等金属的焊接性能较强，为减少助焊剂对金属的腐蚀，多采用松香作为助焊剂。焊接时，尤其是手工焊接时多采用松香焊锡丝。铅、黄铜、青铜、铍青铜及带有镍层的金属材料的焊接性能较差，应选用有机助焊剂，焊接时能减小焊料表面张力，促进氧化物的还原作用。其焊接能力比一般焊锡丝好，但要注意焊后的清洗问题。

（三）手工焊接技术

焊接是电子产品组装过程中的重要环节之一，如果没有相应的焊接工艺质量保证，任何设计精良的电子装置都难以达到设计指标。因此，焊接时必须做到以下几点：

（1）必须具有充分的可焊性。金属表面被熔融焊料浸湿的特性叫作可焊性，是指被焊金属材料与焊锡在适当的温度及助焊剂的作用下，形成结合良好合金的能力。只有能被焊锡浸湿的金属才具有可焊性。铜及其合金、金、银、铁、锌、镍等都具有良好的可焊性。铜是导电性能良好和易于焊接的金属材料，所以应用得非常广泛，常用的元器件引线、导线及焊盘等，大多采用铜材制成。

（2）焊件表面必须保持清洁。即使是可焊性好的金属，由于表面容易产生氧化膜，因此为了提高其可焊性，一般采用表面镀锡、镀银等措施。此外，焊接前必须清洁表面，否则难以保证焊接质量。

（3）使用合适的助焊剂，确保焊点表面光滑、清洁。为使焊点美观、光滑、整齐，不但要有熟练的焊接技能，还要确保焊料和助焊剂选用合理，否则将出现焊点表面粗糙、拉尖、棱角等现象。

（4）焊接时温度要适当，确保加热均匀。要想保证焊点牢固，一定要达到适当的焊接温度。加热过程中不但要将焊锡加热熔化，而且要将焊件加热到熔化焊锡的温度。只有在足够高的温度下，焊料才能充分浸润，并充分扩散形成合金层。过高的温度是不利于焊接的。

（5）焊接时间适当。焊接时间对焊锡、焊接元件的浸润性以及结合层的形成有很大影响。准确掌握焊接时间是优质焊接的关键。

（6）焊点要有足够的机械强度。为确保被焊件受到振动或冲击时不至脱落、松动，要求焊点具有足够的机械强度。为此，可将被焊元器件的引脚弯曲后再焊接，但不能用过多的焊料堆积，这样容易造成虚焊或焊点与焊点间短路。

（7）焊接必须可靠，保证导电性能。为使焊点具有良好的导电性能，必须防止虚焊。虚焊是指焊料与被焊物表面没有形成合金结构，只是简单地依附在被焊金属的表面上。如果焊接处只有一部分形成合金，而其余部分没有形成合金，这种焊点在短期内也能通过电流，即使用仪表测量也很难发现问题。但随着时间的推移，没有形成合金的表面会被氧化，此时便会出现时通时断的现象。

总之，质量好的焊点应该光亮、对称、均匀、与焊盘大小比例合适，并且无助焊剂残留。

1. 焊接前的准备

（1）元器件引脚弯曲成形。

为使元器件在印制电路板上排列整齐并便于焊接，在安装前通常采用手工或专用机械把元器件引脚弯曲成一定形状。元器件在印制电路板上的安装方式有三种：立式安装、卧式安装和表面安装。

笔记栏

采用立式安装或卧式安装方式时，应该按照印制电路板上孔位的尺寸要求，将弯曲成形的引脚准确地插入。引脚弯曲处距离元器件实体至少 2mm 以上，绝对不能从引脚的根部开始弯折，如图 2-37 所示。

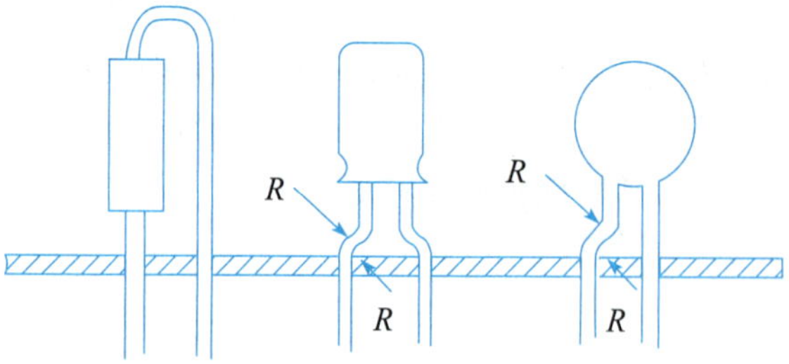

图 2-37　元器件引脚成形图例

（2）镀锡。

为了提高焊接的质量和速度，避免虚焊等缺陷，应该在装配前对焊接表面进行可焊性处理——镀锡。在电子元器件的待焊面（引脚或其他需要焊接的地方）镀焊锡是焊接前的一道十分重要的工序，尤其是对一些可焊性差的元器件，镀锡更是至关重要的。专业电子生产厂家都备有专门的设备用于可焊性处理。

镀锡实际上就是液态焊锡对被焊金属表面浸润，形成一层既不同于被焊金属又不同于焊锡的结合层，将焊锡与待焊金属这两种性能、成分都不相同的材料牢固连接起来。镀锡时应满足以下工艺要点：

①确保待镀面清洁。

②烙铁头的温度要适合。

③使用有效的助焊剂。

2. 手工焊接

手工焊接是焊接技术的基础，是电子产品装配过程中的一项基本操作技能。手工焊接适用于小批量电子产品的生产，适合具有特殊要求的高可靠产品的焊接，适用于某些不便进行机器焊接的场所，适用于调试和维修环节的焊点修复和元器件更换等。

（1）焊锡丝的拿法。

焊锡丝的拿法一般有两种，如图 2-38 所示。由于焊锡丝中含有一定比例的铅，而铅是对人体有害的重金属，因此焊接时应戴上手套或操作后洗手，避免食入铅粉。

（a）连续送锡　　（b）断续送锡

图 2-38　焊锡丝的拿法

（2）焊接五步法。

焊接五步法（如图 2-39）是常用的基本焊接方法，适合焊接热容量大的工件。

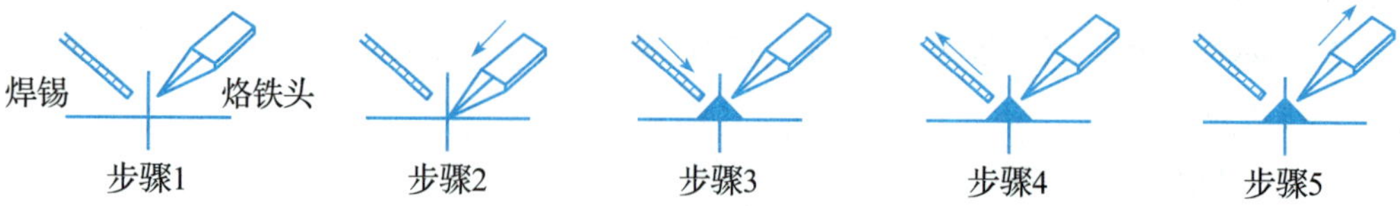

图 2-39　焊接五步法

步骤 1：准备焊接。右手拿电烙铁，左手拿焊锡丝，将烙铁头和焊锡丝靠近被焊点，处于

笔记栏

随时可以焊接的状态。

步骤 2：加热焊件。将电烙铁放在工件上进行加热。

步骤 3：送入焊锡丝。将焊锡丝放在工件上，熔化适量的焊锡。

步骤 4：拿开焊锡丝。适量焊锡熔化后，迅速拿开焊锡丝。

步骤 5：拿开电烙铁。当焊锡浸润焊盘并且扩散范围达到要求时，拿开电烙铁。注意拿开电烙铁的速度和方向。

（3）焊接三步法。

焊接热容量较小的工件时，可简化为三步法操作。

步骤 1：准备焊接。右手拿电烙铁，左手拿焊锡丝，将烙铁头和焊锡丝靠近被焊点，处于随时可以焊接的状态。

步骤 2：放上电烙铁和焊锡丝。同时放上电烙铁和焊锡丝，熔化适量的焊锡。

步骤 3：撤丝移烙铁。当焊锡的扩展范围达到要求后，拿开焊锡丝和电烙铁。注意拿开焊锡丝的时机，不得迟于电烙铁的撤离时间。

（4）特殊元器件的焊接。

①焊接晶体管时，注意每个管子的焊接时间不要超过 10 秒，并使用尖嘴钳或镊子夹持管脚散热，以免烫坏晶体管。

②焊接 CMOS 电路时，应先将各引线短路，焊接前不要拿掉短路线。对于接高电压的电烙铁，最好在焊接时拔下插头，利用余热焊接。

③焊接集成电路时，在保证浸润的前提下，尽可能缩短焊接时间，通常每个引脚不超过 2 秒。

④焊接集成电路时，最好选用 20W 内热式电烙铁，并确保良好接地。必要时，还要采取人体接地措施。

⑤集成电路若不使用插座，可直接焊到印制电路板上。安全的焊接顺序：地端→输出端→电源端→输入端。

（5）导线焊接。

导线与接线端子、导线与导线之间的连接有三种基本形式：绕焊、钩焊和搭焊。其中，绕焊可靠性最高；钩焊的强度低于绕焊，但操作简单；搭焊的连接最方便，但强度及可靠性最低，仅用于临时连接或不便于绕、钩的位置以及某些接插件。

（6）拆焊。

在调试、维修电子设备时，经常需要更换一些元器件。如果拆焊方法不当，就会破坏印制电路板，也会使换下来但并没有失效的元器件无法重新使用。

拆焊多引脚集成电路或多管脚元器件时，一般有以下几种方法。

①用合适的医用针头拆焊。

用钢锉将医用针头锉平，即可作为拆焊工具，具体方法如下：一边用电烙铁熔化焊点，一边把针头套在被焊元器件引线上，直至焊点熔化后，将针头迅速插入印制电路板的孔内，使元器件的引脚与印制电路板的焊盘脱开。

②用吸锡材料拆焊。

可用作吸锡材料的有屏蔽线编织网、细铜网或多股铜导线等。给吸锡材料加松香助焊剂，然后用烙铁加热即可拆焊。

③用吸锡烙铁或吸锡器拆焊。

④用专用拆焊工具拆焊。

专用拆焊工具能完成多引脚元器件的拆焊，而且不易损坏印制电路板及其周围的元器件。

笔记栏

⑤用热风枪或红外线焊枪拆焊。

热风枪或红外线焊枪可同时对所有焊点进行加热，待焊点熔化后即可取出元器件。对于表面安装元器件，用热风枪或红外线焊枪进行拆焊效果最好。这种拆焊方法的优点是拆焊速度快，操作方便，不易损伤元器件和印制电路板上的铜箔。

（7）焊点质量检查。

为了保证焊接质量，通常会在焊接后进行焊点质量检查。

①外观检查。用肉眼通过焊点的外观检查焊接质量（即目检），可以借助 3～10 倍放大镜。目检的主要内容：焊点是否有错焊、漏焊、虚焊和连焊现象；焊点周围是否有焊剂残留物；焊接部位是否有热损伤和机械损伤现象。

②连接检查。目检发现可疑现象时，可用镊子轻轻拨动焊接部位，确认焊接质量，主要包括导线、元器件引脚和焊盘、焊锡是否结合良好，有无虚焊现象；元器件引脚和导线根部是否有机械损伤现象。

③通电检查。通电检查必须在外观检查及连接检查无误后方可进行，否则容易损坏仪器设备，造成安全事故。通电检查也是检验电路性能的关键步骤。通电检查可以发现许多微小的缺陷，如电路桥接、内部虚焊等。

（8）焊点焊接缺陷。

造成焊接缺陷的原因有很多，图 2-40 所示为接线端子焊接缺陷示例。

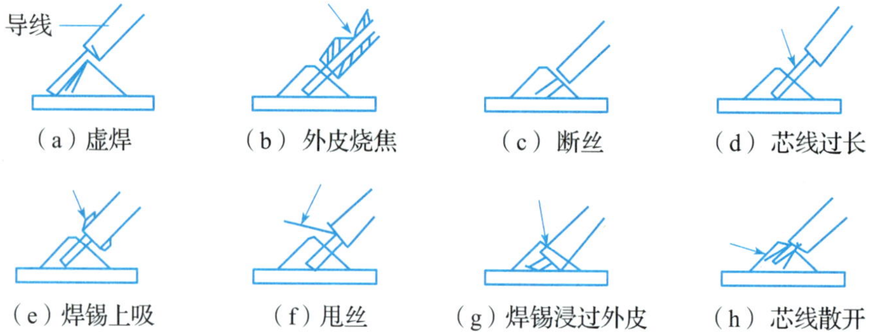

图 2-40 接线端子焊接缺陷示例

即测即评

一、填空题

1. ________是指将实际元件理想化，由理想化元件组成的电路。
2. 电炉丝的理想化电路元件用________表示。
3. 蓄电池的理想化电路元件用________表示。
4. 为了方便分析和计算复杂电路，往往任意选定某一方向作为电流的正方向，也称________。
5. 若电流和电压的参考方向取得相同，称为________，否则称为________。
6. ________是电源内力推动单位正电荷从电源负极移到正极所做的功。
7. 电阻元件按照电阻值是否为常数，一般分为________和________两类。
8. 一个有源二端网络，可以表示为 5V 恒压源和 2Ω 电阻串联的形式，也可以表示为________A 恒流源和________Ω 电阻并联的形式。
9. 一个有源二端网络，可以表示为________V 恒压源和________Ω 电阻串联的形式，也可以表示为 5A 恒流源和 5Ω 电阻并联的形式。
10. 电路中每个流过同一个电流的分支称为________。
11. 电路中三条或三条以上支路的公共连接点称为________。
12. 电路中任意闭合的路径称为________。
13. 如下图所示，利用支路电流法求解各支路电流 I_1、I_2、I_3，分别是________。

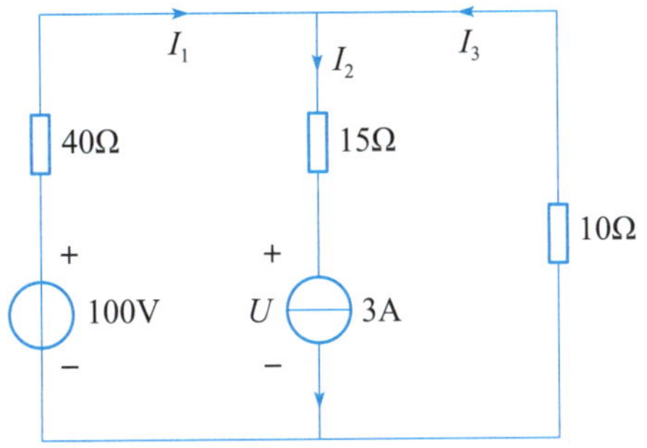

14. 如下图所示，利用叠加定理求解电压 U 是________。

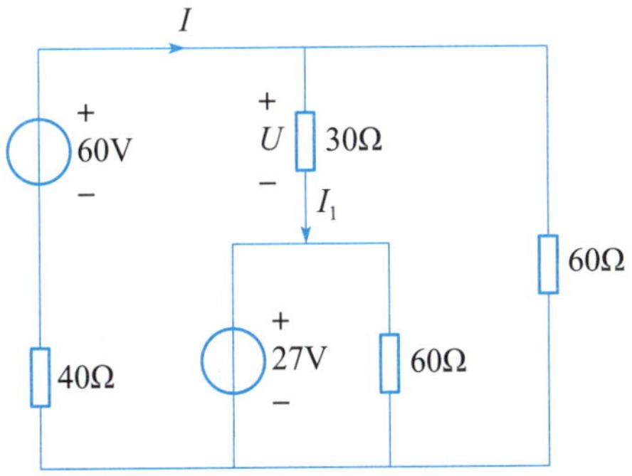

15. 二端网络中含有电源的电路称为________。
16. 如下图所示，利用戴维南定理求解电流 I_3 是________。

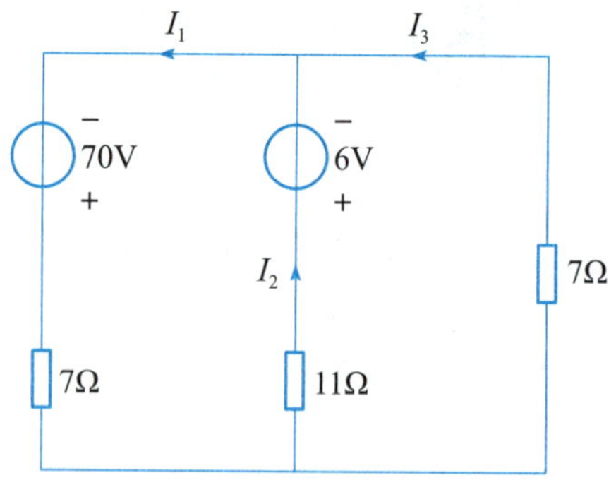

二、单选题

1. 理想元件（　　）表现为电阻性，可将电能转换为热能，是耗能元件。

A. 电阻　　B. 电感　　C. 电容　　D. 电源

2. 理想元件（　　）表现为电感性，可建立磁场储存磁场能，是储能元件。

A. 电阻　　B. 电感　　C. 电容　　D. 电源

3. 理想元件（　　）表现为电容性，可建立电场储存电场能，是储能元件。

A. 电阻　　B. 电感　　C. 电容　　D. 电源

4. 电流的单位是（　　）。

A. 安培　　B. 伏特　　C. 瓦特　　D. 焦耳

5. 在电路中选定一个参考点，其他各点相对于参考点之间的电压称为该点（　　）。

A. 电压　　B. 电流　　C. 电位　　D. 电动势

6. 恒压源的特点是（　　）。

A. 输出电压恒定，$U=E_S$　　B. 输出电流取决于外电路

C. 内阻 $r=0$　　D. 以上都是

7. 恒流源的特点是（　　）。

A. 输出电流恒定，$I=I_S$，且与端电压无关

B. 输出端电压取决于外电路

C. 内阻 $r=\infty$

D. 以上都是

8. 根据图中给定的条件，求未知电流 I_2 的值为（　　）。

A. 0　　B. -3A　　C. 1A　　D. 9A

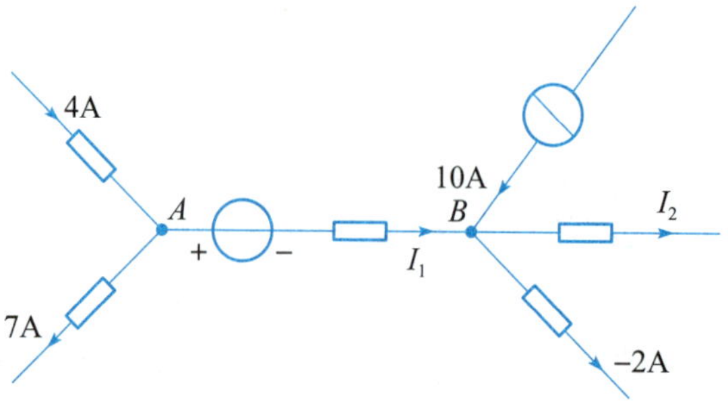

9. 如下图所示，$I_1=6$A，$I_2=-4$A，I_3 的值为（　　）。

A. 2A　　B. -2A　　C. 10A　　D. 24A

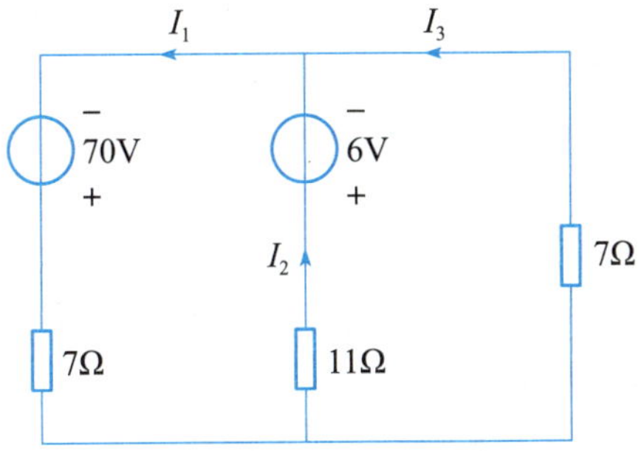

10. 支路电流法的研究对象是（　　）。

A. 各支路电流　　B. 回路电压　　C. 二端网络　　D. 线性电路

11. 如下图所示，各支路电流 I_1、I_2、I_3 分别是（　　）。

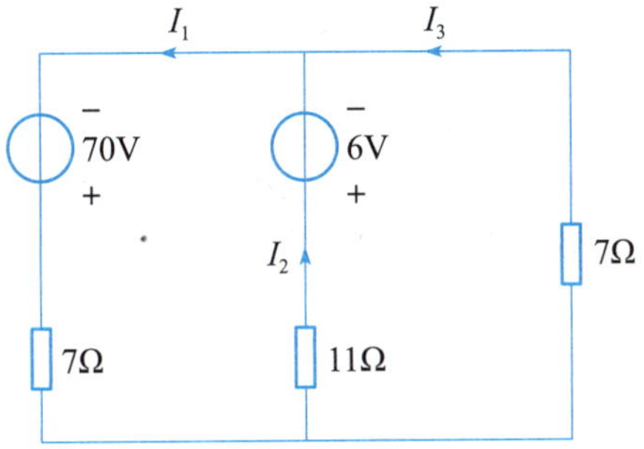

A. $I_1=6A$；$I_2=2A$；$I_3=-4A$　　B. $I_1=-6A$；$I_2=-2A$；$I_3=4A$

C. $I_1=6A$；$I_2=-2A$；$I_3=4A$　　D. $I_1=6A$；$I_2=2A$；$I_3=4A$

12. 叠加定理的研究对象是（　　）。

A. 各支路电流　　B. 回路电压　　C. 二端网络　　D. 线性电路

13. 利用叠加定理计算电路中的电流或电压时，需要对电源分别考虑，暂时不考虑的恒压源应予以（　　）

A. 断路　　B. 短路　　C. 开路　　D. 通路

14. 戴维南定理的研究对象是（　　）。

A. 各支路电流　　B. 回路电压　　C. 二端网络　　D. 线性电路

三、多选题

1. 电路通常由（　　）这几部分组成。

A. 电源　　B. 负载　　C. 导线　　D. 开关

2. 电阻根据制造材料不同，可分为（　　）。

A. 碳膜电阻　　B. 金属膜电阻　　C. 线绕电阻　　D. 水泥电阻

3. 如下图所示，利用基尔霍夫电压定律列出的所有的回路方程有（　　）。

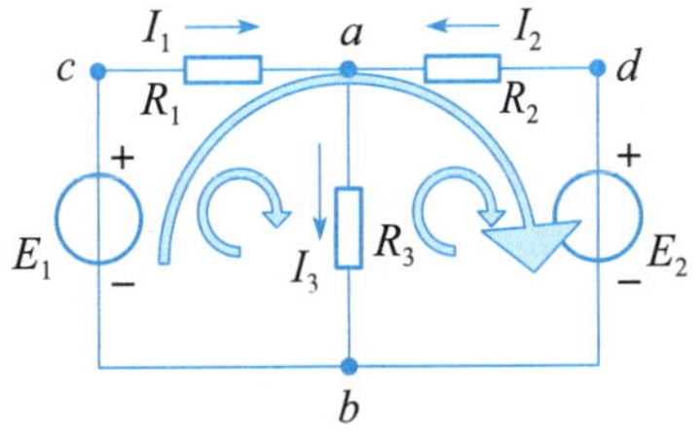

A. $I_3R_3-E_1+I_1R_1=0$

B. $-I_2R_2+E_2-I_3R_3=0$

C. $-I_2R_2+E_2-E_1+I_1R_1=0$

D. $I_2R_2-E_2-E_1+I_1R_1=0$

4. 利用支路电流法求解电路参量，已知电路的支路数为 m，节点数为 n。①应用 KCL 列写独立结点方程数目为（　　），②应用 KVL 列写独立电压方程数目为（　　）。

A. $n+1$　　B. $n-1$　　C. $m+n+1$　　D. $m-n+1$

四、判断题

1. 电路是各种电气元件按一定方式组合起来的，它提供了电流流通的路径。（　　）
2. 电路具有传输、分配和转换电能的作用。（　　）
3. 弱电电路的特点是工作电压高、传输电能大。（　　）
4. 大小不变、方向随时间改变的电流是交流电流。（　　）
5. 电源无论是提供电能还是吸收电能，其端电压实际方向总是由正极指向负极。（　　）
6. 同一电路中，以不同点为参考点时，各点电位不同，但两点间电压不变。（　　）
7. 在忽略内部消耗或空载的情况下，电源端电压与电动势的大小相同、方向相同。（　　）
8. 当某元件的 u 和 i 关联参考方向时，若求出的 $P>0$，说明元件在吸收电能，一定是负载。（　　）
9. 导体的电阻值与导体的长度成正比，与横截面积成反比。（　　）
10. 电压值相同的电压源才能并联，且每个电压源的流经电流不确定。（　　）
11. 实际电源总是存在内阻的，若把电源内阻视为恒定不变，则电源内部、外部的消耗主要取决于外电路负载的大小。（　　）
12. 恒压源不允许短路，恒流源不允许开路。（　　）
13. 基尔霍夫电流定律的基本内容：在任意瞬时，流出节点的电流之和等于流入该节点的电流之和。（　　）
14. 基尔霍夫电压定律中，与回路绕行方向一致的元件的电压取正，相反的取负。（　　）
15. 以各支路电流为未知量，依据基尔霍夫两条定律列方程的分析方法称为支路电流法。（　　）
16. 利用叠加定理计算电路中的电流或电压时，需要对电源分别考虑，暂时不考虑的恒流源应予以开路。（　　）
17. 叠加定理的内容：在线性电路中，若有多个电源共同作用，则电路中任何支路的电流或任意两点的电压等于各电源单独作用时产生的电流或电压分量代数和。（　　）
18. 叠加原理只能用于电压或电流的计算，不能用来求功率。（　　）
19. 若一个电路只通过两个端点与外电路相联，则该电路称为“二端网络”。（　　）
20. 戴维南定理的内容：任何一个线性含源二端网络可等效为一个电压源，等效电压源的定值电动势等于含源二端网络的开路电压，等效电压源内阻等于含源网络内电源作用置零后，剩下的纯电阻网络的等效电阻。（　　）

项目3

安全用电

项目任务单

<table>
<tr><td>项目描述</td><td colspan="4">电给人们的生产、生活带来了巨大方便，与此同时，由于用电不规范导致的事故也屡屡发生，危害人们的生命和财产安全。本项目主要介绍触电急救措施，以及绝缘电阻和接地电阻的测量方法等知识，旨在减小或消除用电安全隐患，保证人员安全和设备正常工作，进而实现安全用电。</td></tr>
<tr><td>项目载体</td><td colspan="4">  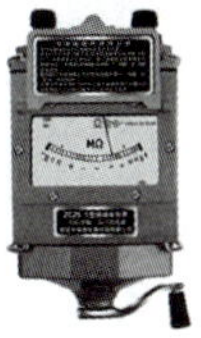 </td></tr>
<tr><td>项目目标</td><td colspan="4">知识目标
（1）了解触电方式，掌握触电急救方法。
（2）了解测量绝缘电阻的方法。
（3）了解测量接地电阻的方法。
能力目标
（1）会进行心肺复苏。
（2）会使用兆欧表测量绝缘电阻。
（3）会使用接地电阻测量仪测量接地电阻。
素质目标
（1）通过实践操作，提高学生安全用电的意识。
（2）注重对学生科学思维方法的训练。</td></tr>
<tr><td rowspan="4">学习任务</td><td>任务序号</td><td>任务名称</td><td>学时安排</td><td>备注</td></tr>
<tr><td>任务 1</td><td>触电急救演练</td><td>4 学时</td><td></td></tr>
<tr><td>任务 2</td><td>绝缘电阻的测量</td><td>4 学时</td><td></td></tr>
<tr><td>任务 3</td><td>接地电阻的测量</td><td>4 学时</td><td></td></tr>
</table>

任务1 触电急救演练

动画：触电急救训练

一、任务目标

（1）了解触电方式。
（2）掌握心肺复苏的方法和步骤。
（3）熟悉徒手心肺复苏过程中的注意事项。

二、任务内容

心肺复苏（Cardio Pulmonary Resuscitation，CPR）是指对于任何原因（如心脏疾病、触电、溺水）引起的呼吸停滞、心脏骤停的患者及时有效地采取措施，使循环和呼吸恢复的一系列紧急抢救措施。现场心肺复苏三大步骤为C→A→B，C即人工循环（胸外按压）、A即气道开放、B即人工呼吸，有条件的话可再采取D——自动体外除颤。即按照C→A→B→D的步骤抢救，这样能更好地把握抢救时间，挽救患者生命。掌握心肺复苏技术的操作原理、操作要领后，按照操作步骤对多功能复苏模拟人进行心肺复苏训练是十分必要的。

三、任务器材（见表3-1）

表3-1　任务器材清单

任务器材	多功能复苏模拟人	垫子	消毒液	消毒面巾	计算机	连接线
数量	1个	1个	1瓶	若干	1台	1根

四、任务步骤

1. 心肺复苏模拟人的安装过程

使模拟人平躺在操作平台上，用数据线将设备和模拟人连接固定好，再将设备接通220V电源。

2. 功能设定及使用方法

打开设备后面的电源开关，有以下三种工作方式：

（1）训练：用户可以随意进行人工呼吸和胸外按压操作，以熟练技术。

（2）普及：根据最新标准设定的考核模式，但对操作时间的要求比专业模式低，适合非专业救护人员。

（3）专业：根据最新标准设定的考核模式，适合专业救护人员。

选择好工作方式后，语音提示：“请选择工作时间”。“训练”工作方式的工作时间没有限制，用户可根据自身情况操作；“普及”工作方式的工作时间为150s，用户可修改时间；“专业”工作方式的工作时间为120s，用户可修改时间。时间选定后，语音提示：“请按启动按钮”。按下按钮后即可进行操作，工作时间会以倒计时的方式显示。

其他按键功能说明如下：

（1）复位键：当操作不成功或其他原因需要重新操作时，按“复位键”即可重新操作。

（2）打印键：训练或考核结束后，可打印操作信息，包括按压、吹气的正确/错误次数等，便于考试成绩评定及存档。

3. 操作过程

（1）胸外按压：首先找准胸部正确位置——胸骨下切向上两指，胸骨正中部（胸口剑突向上两指处）为正确按压区。双手交叉叠在一起，手臂垂直于模拟人胸部按压区，进行胸外按压。

若按压位置正确、按压强度正确（正确的按压深度为 5cm），人体按压条码灯的绿色发光管（正确区域）亮显，按压正确计数器计数 1 次。

若按压位置错误，将有语音提示“按压位置错误”，按压错误计数器计数 1 次。需纠正错误再操作。

若按压位置正确而按压强度错误，人体按压条码灯的黄色发光管（按压不足）或红色发光管（按压过大）亮显，并有语音提示“按压不足”或“按压过大”，按压错误计数器计数 1 次。需纠正错误再操作。

（2）气道开放：使模拟人平躺，操作者一只手捏住模拟人的鼻子，另一只手从后颈或下巴将头托起往后仰 70°～90°，使气道开放，便于人工呼吸。

（3）人工呼吸：进行口对口人工呼吸时，当操作者吹入的潮气量达到 500/600～1 000ml 时，人体吹气条码灯的绿色发光管（正确区域）亮显，吹气正确计数器计数 1 次。

当操作者吹入的潮气量小于 500ml 或大于 1 000ml 时，人体吹气条码灯的黄色发光管（吹气不足）或红色发光管（吹气过大）亮显，吹气错误计数器计数 1 次，并有语音提示“吹气不足”或“吹气过大”。需纠正错误再操作。

五、注意事项

（1）口对口人工呼吸时，必须垫上消毒面巾，一人一片，以防交叉感染。

（2）操作时应确保双手清洁，擦除口红及唇膏，以防脏污模拟人的面皮及胸皮，严禁用笔对模拟人进行涂画或标记。

（3）按压操作时，一定按工作频率有节奏地按压，不能乱按，以免程序故障。如出现程序紊乱等情况，应立即关掉设备总开关，以免影响设备使用寿命。

（4）每次使用后，需对模拟人进行消毒，包括面皮、口鼻、胸皮、呼吸管道、进气阀等处，可用清洁液擦洗、消毒。

（5）若肺气袋破裂，可打开胸皮，按操作说明更换。

（6）模拟人及设备应放置于通风干燥处，不能放在潮湿或太阳暴晒的地方，以防影响使用寿命。

六、任务考核

班级		姓名		组号		扣分记录	得分
项目	配分	考核要求		评分细则			
操作前准备	10 分	仪表端庄，物品准备齐全		（1）仪表不端庄，留长指甲，扣 2 分； （2）物品准备不齐全，扣 5 分			

续表

班级		姓名		组号		扣分记录	得分
项目	配分	考核要求		评分细则			
胸外心脏按压	30分	体位放置合适，按压部位准确，按压手法正确，按压频率和幅度正确		(1) 体位放置不合适，扣5分； (2) 按压部位不准确，扣5分； (3) 按压手法不正确，扣5分； (4) 按压频率和幅度不正确，扣5分			
开放气道	25分	清理干净呼吸道、口鼻部，取下活动义齿，下颌、耳垂与身体长轴应垂直		(1) 呼吸道、口鼻部清理不干净，未取下活动义齿，扣5分； (2) 下颌、耳垂与身体长轴不垂直，扣5分			
人工呼吸	25分	人工呼吸步骤正确		(1) 吹气时间不足，扣10分； (2) 吹气量不足500ml，每次扣5分			
安全文明操作	10分	(1) 安全用电，无人为损坏仪器、元件和设备的现象； (2) 保持环境整洁、秩序井然，操作习惯良好； (3) 小组成员团结协作，工作态度端正； (4) 不迟到、不早退、不旷课		(1) 违反操作规程，每次扣5分； (2) 工作场地不整洁，扣5分			
总分							

任务 2 绝缘电阻的测量

一、任务目标

(1) 了解兆欧表的结构，掌握兆欧表的使用方法。
(2) 掌握用兆欧表测量绝缘电阻的方法。

二、任务内容

选用规格、型号、量程合适的兆欧表，进行线路绝缘电阻、电动机绝缘电阻、电缆绝缘电阻的测量。

三、任务器材（见表 3-2）

表 3-2 任务器材清单

任务器材	500V 兆欧表	1.5kW 电动机	尖嘴钳	剥线钳	已安装好的单相插座	1.5mm² 软导线	500V 中型橡套电缆
数量	1 台	1 部	1 把	1 把	1 个	若干	15mm

四、任务步骤

(1) 观察兆欧表表盘，将型号、规格、量程等参数记录于表 3-3 中。

表 3-3 兆欧表参数记录

兆欧表型号	规格（额定电压）	量程范围	其他

(2) 按图 3-1 所示对兆欧表进行使用前检查，若发现问题及时与指导教师联系。

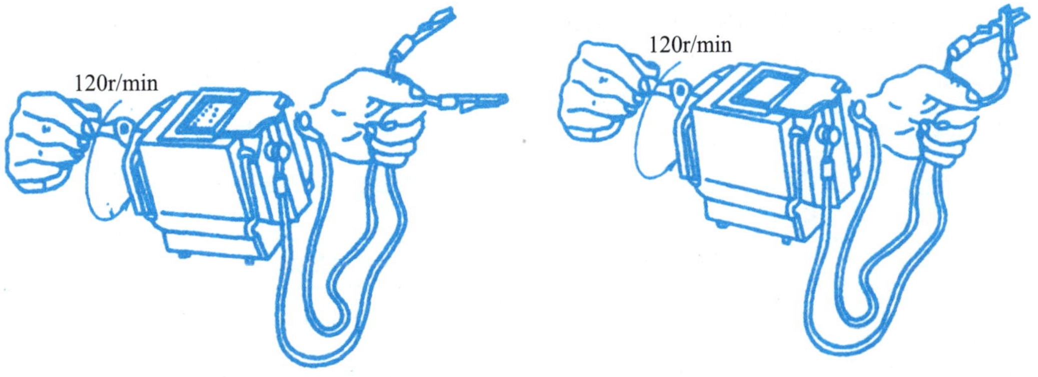

(a) 开路检查　　(b) 短路检查

图 3-1 兆欧表的检查

（3）线路绝缘电阻的测量。按图 3－2 所示连接导线，根据兆欧表操作要求进行测量，并将有关数据记录于表 3－4 中。

（4）电动机绝缘电阻的测量。按图 3－3 所示连接导线，按兆欧表操作要求进行测量，并将有关数据记录在表 3－4 中。

（5）电缆绝缘电阻的测量。按图 3－4 所示连接导线，按兆欧表操作要求进行测量，并将有关数据记录在表 3－4 中。

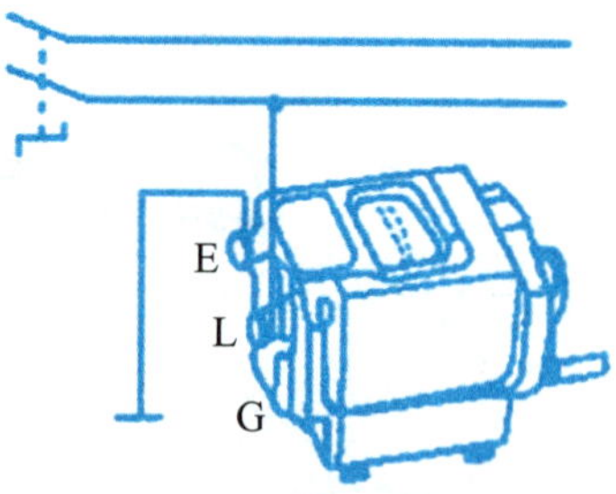

图 3－2　测量线路绝缘电阻

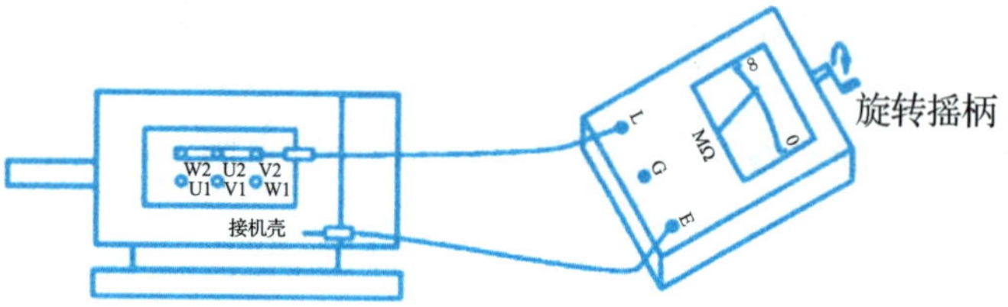

图 3－3　测量电动机绝缘电阻

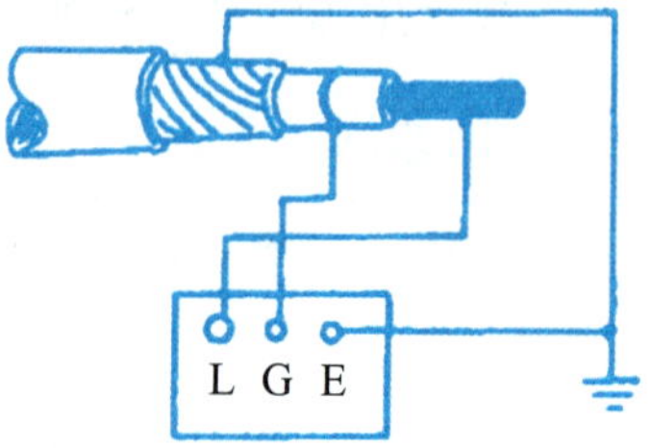

图 3－4　测量电缆绝缘电阻

表 3－4　绝缘电阻测量记录

测量项目	绝缘电阻/MΩ				绝缘性能合格与否判定	其他
线路绝缘电阻	L—N	L—E	E—N			
电动机绝缘电阻	U—V	W—V	U—W	绕组与机壳之间		电动机额定数据
电缆绝缘电阻						电缆型号

五、注意事项

（1）测量线路绝缘电阻前应确保线路断电。

（2）测量绝缘电阻时，为确保数据准确，可对一个数据进行多次测量。

六、任务考核

班级		姓名		组号		扣分记录	得分
项目	配分	考核要求		评分细则			
兆欧表的自检	10 分	掌握兆欧表自检的方法		（1）不能进行兆欧表开路试验，扣 5 分； （2）不能进行兆欧表短路试验，扣 5 分			

续表

班级		姓名		组号		扣分记录	得分
项目	配分	考核要求		评分细则			
线路绝缘电阻的测量	20分	掌握兆欧表测量线路绝缘电阻的方法		(1) 连接方法不正确，扣5分； (2) 操作方法不正确，扣10分； (3) 不会读取测量数据，扣5分			
电缆绝缘电阻的测量	20分	掌握兆欧表测量电缆绝缘电阻的方法		(1) 连接方法不正确，未接“G”接线柱，扣10分； (2) 操作方法不正确，扣10分			
电动机绝缘电阻的测量	40分	掌握兆欧表测量电动机绝缘电阻的方法		(1) 不能正确测量绕组间绝缘电阻，每次扣10分； (2) 不能正确测量绕组与机壳间绝缘电阻，扣10分			
安全文明操作	10分	(1) 安全用电，无人为损坏仪器、元件和设备的现象； (2) 保持环境整洁、秩序井然，操作习惯良好； (3) 小组成员团结协作，工作态度端正； (4) 不迟到、不早退、不旷课		(1) 违反操作规程，每次扣5分； (2) 工作场地不整洁，扣5分			
总分							

任务3 接地电阻的测量

动画：人体模型电阻的测量

一、任务目标

（1）了解接地电阻测试仪的结构和功能。

（2）掌握用接地电阻测试仪测量绝缘电阻的方法。

二、任务内容

选用规格、型号、量程合适的接地电阻测试仪，对线路测量三次接地电阻。

三、任务器材（见表3-5）

表3-5　任务器材清单

任务器材	ZC298-1型接地电阻测试仪	建筑物接地系统	尖嘴钳	锤子
数量	1台	1套	1把	1把

四、任务步骤

（1）观察接地电阻测试仪表盘，将型号、规格、量程等参数记录于表3-6中。

表3-6　接地电阻测试仪参数记录

接地电阻测试仪型号	规格（额定电压）	量程范围	其他

（2）按图3-5所示正确连接导线，按接地电阻测试仪操作要求进行测量，并将有关数据记录于表3-7中。

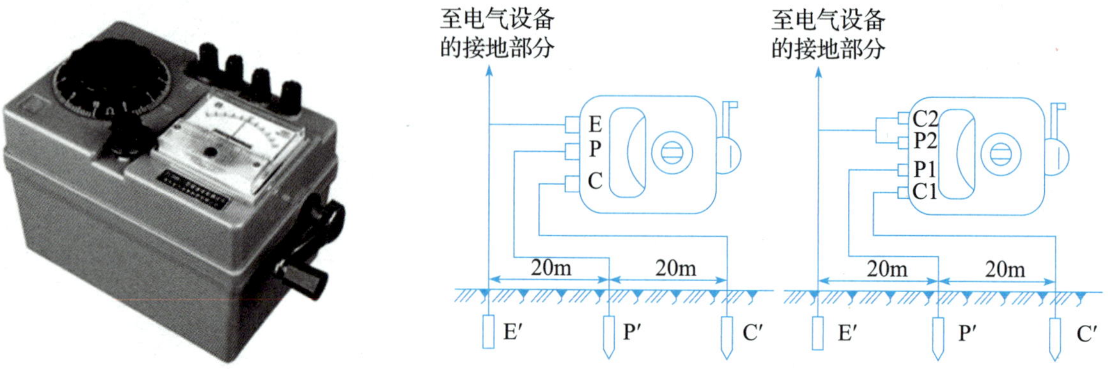

图3-5　接地电阻测试仪的外观及接线方式

表 3-7 接地电阻测量记录

测量项目	接地电阻/Ω			接地性能合格与否判定	平均量
线路接地电阻	第一次测量	第二次测量	第三次测量		

（3）操作步骤。

①正确连接测试仪端所有接线。

②将测试仪连线与接地极 E′、电位探棒 P′和电流探棒 C′牢固接触。

③测试仪放置水平后，调整检流计的机械零位，归零。

④将倍率开关置于最大倍率，逐渐加快摇柄转速，达到 120r/min。当检流计指针向某一方向偏转时，旋动刻度盘，使检流计指针恢复至“0”点。此时刻度盘上的读数乘以倍率挡即为被测电阻值。

⑤如果刻度盘读数小于 1，且检流计指针仍未取得平衡，可将倍率开关调小一挡，直至指针完全平衡为止。

⑥如果发现检流计指针有抖动现象，可改变摇柄转速，直至消除抖动。

五、注意事项

（1）禁止在雷电天气或被测物带电的情况下测量。

（2）携带和使用测试仪时应小心，轻拿轻放，避免剧烈振动。

六、任务考核

班级		姓名		组号		扣分记录	得分
项目	配分	考核要求		评分细则			
记录接地电阻测试仪参数	10 分	能正确观察接地电阻测试仪的参数		（1）未能正确观察接地电阻测试仪的参数，扣 5 分； （2）未能正确记录接地电阻测试仪的参数，扣 5 分			
接地电阻测量	80 分	能正确使用接地电阻测试仪测量接地电阻		（1）连接方法不正确，扣 20 分； （2）操作方法不正确，扣 20 分； （3）不会读取测量数据，扣 30 分； （4）不会查阅其他接地电阻测试仪资料，扣 10 分			
安全文明操作	10 分	（1）安全用电，无人为损坏仪器、元件和设备的现象； （2）保持环境整洁、秩序井然，操作习惯良好； （3）小组成员团结协作，工作态度端正； （4）不迟到、不早退、不旷课		（1）违反操作规程，每次扣 5 分； （2）工作场地不整洁，扣 5 分			
总分							

笔记栏

知识链接

一、安全用电常识

（一）常规安全措施

（1）做好个人防护，穿戴好安全帽、绝缘鞋、防护手套等安全装备。

（2）工作前应检查工具设备是否完好，确认无损坏、绝缘良好。

（3）对于可能存在危险的电气设备，应停电，再通过绝缘工具操作。

（4）进行电线布线、接线等操作时，应确保线路负荷能力足够，防止过载引发火灾。

（5）遇到电气设备故障时，应先断电，再进行维修或更换。

（6）定期对电气设备进行检查和维护，确保设备正常运行。

（7）学习触电急救知识，以便在发生触电事故时能迅速进行自救或互救。

（8）遵守相关法律法规和操作规程，提高安全意识，不违规操作。

微课：安全用电常识 1

（二）高压安全措施

（1）保持安全距离。在高压线附近活动时，应保持足够的安全距离。这个距离通常根据电压等级来确定，电压越高，所需保持的安全距离就越大。

（2）设立警示标识。在高压线附近应设置明显的警示标识，如“高压危险”“请勿靠近”等字样和图形符号，以提醒人们注意安全。

（3）穿戴合格的绝缘防护用品。高压电工在带电作业时，必须穿戴符合国家标准的绝缘防护用品，如绝缘手套、绝缘鞋、绝缘服、绝缘帽和安全带等。

（4）使用绝缘工具。作业者应使用绝缘棒、绝缘夹钳等绝缘工具进行操作，这些工具具有良好的绝缘性能，能够确保作业过程中的安全。

（5）进行安全检查。在作业前，应对作业环境、设备和工具进行全面的安全检查，确保作业环境符合安全要求，设备和工具处于良好状态。

（6）遵守操作规程。作业者应严格遵守电气作业安全总则和操作规程，按照规定的步骤和方法进行操作，避免违反操作规程的行为。

（7）有监护人员在场。在带电作业过程中，应有专门的监护人员在场，负责监督作业者的操作行为，及时发现并纠正不安全行为。

（8）定期接受安全培训。高压电工应定期接受安全培训，熟悉相关的操作规程和安全操作规范，提高自身的安全意识和操作技能。

（9）定期检查与维护。相关部门应定期对高压线进行巡视和检查，确保其完好无损，防止出现线路老化、破损等安全隐患。

二、触电方式与触电急救

电流通过人体或高压电场感应导致的人体受伤害的现象称为触电。

微课：安全用电常识 2

（一）常见的触电原因

（1）直接接触电源。当人体直接接触带电的物体或电源时，如触摸带电的插头、电线等，电流会通过人体传导，导致触电。

（2）不正确使用电器。使用损坏的电线、插座、电器设备，或者不按照电器设备的说明书操作，可能导致电流泄漏或短路，进而引发触电。

（3）环境潮湿。在潮湿的环境中，人体的电阻会降低，增加触电的风险。

笔记栏

（4）电气设备故障。电线老化、绝缘层破损、设备漏电等故障也是导致触电的常见原因。这些故障可能由于设备质量不佳、长期使用磨损、维护不当等因素导致。

（5）地线故障。在家庭或建筑物的电气系统中，地线的作用是保护人体免受电击。如果地线出现故障，如断裂、接触不良等，电流可能会通过人体的接触点流动，导致触电。

（6）接触高压线或高压设备。接触高压线或高压设备，如输电线路或变压器，会导致严重的触电事故。

（7）不规范的操作和维护。不遵照安全规程办事，如检修或安装设备时不拉下开关，或者在抢救触电者时不用绝缘材料挑开电线，而是用手直接拉伤员，都会导致触电。

（二）触电的方式

1. 直接触电

人体直接触电或过分靠近电气设备或线路的带电体而发生的触电现象称为直接触电。根据触电者接触的导线数目的不同，可分为单相触电和两相触电。

（1）单相触电。

单相触电是指人体某一部分触及一相电源或接触漏电的电气设备，电流通过人体流入大地造成触电，如图 3－6 所示。单相触电大多是由于电气设备损坏或绝缘不良，使带电部分裸露引起的。触电事故中大部分属于单相触电。

（2）两相触电。

两相触电是指人体的两个部位分别触及两根相线，如图 3－7 所示。这时人体承受 380V 线电压，危险性比单相触电大。

2. 间接触电

人体未与带电体直接接触，而导致的人体触电现象称为间接触电，可分为跨步电压触电和高压电场触电。

（1）跨步电压触电。

在高压电网接地点或防雷接地点，以及高压相线断落或绝缘损坏处，有电流流入地下时，强大的电流会在接地点周围的土壤中产生电压降。当人走到接地点附近时，会因两脚站在不同的电位上而承受跨步电压，即两脚之间的电位差，如图 3－8 所示。

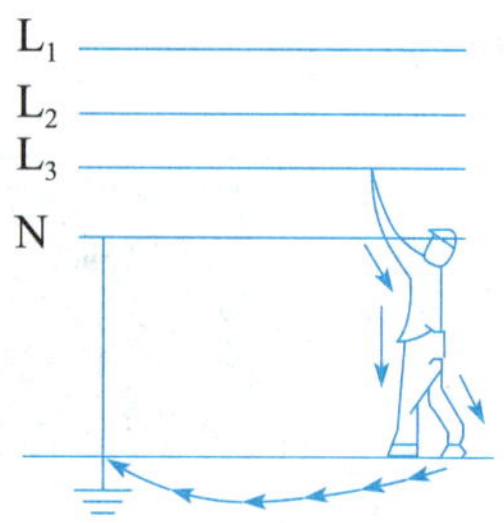

图 3－6　单相触电

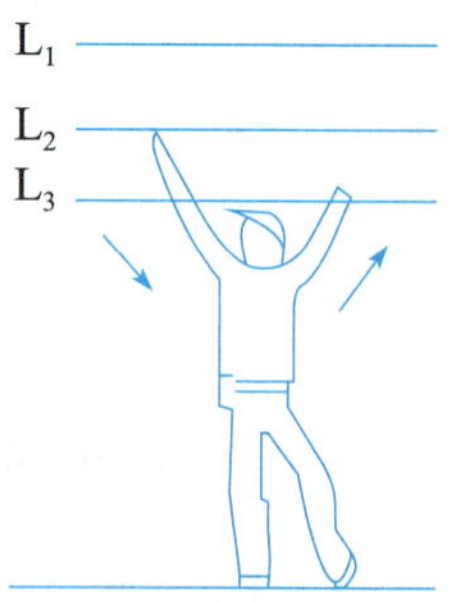

图 3－7　两相触电

图 3－8　跨步电压触电

（2）高压电场触电。

高压线及高压设备附近存在高压电场，人靠近时会有不舒服的感觉，有时在电线与人体之间甚至会发生放电现象而导致触电。

笔记栏

（三）触电急救

人触电昏迷后，若能正确、及时救护，则多数触电者可以生还且减轻触电伤害的程度。触电急救步骤：第一，使触电者迅速脱离电源；第二，及时进行现场救治，如进行心肺复苏；第三，报警求救。

（四）保护接地和保护接零

保护接地是指将用电设备的不带电金属部分与大地进行良好的连接，以保护人身安全，如图3－9所示。接地以后，人、外壳、地三者等电位，即使用电设备一相接壳，对人员也是安全的。

保护接零是指将正常不带电的电气设备的金属构件与电力系统的零线进行良好的连接，也叫作保护接中性线，如图3－10所示。

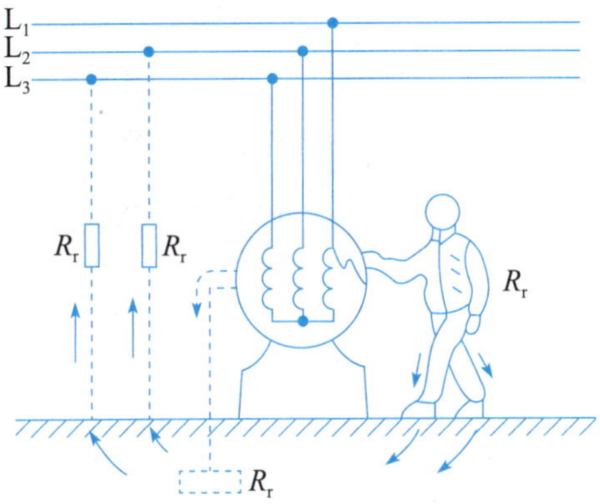

图3－9　保护接地

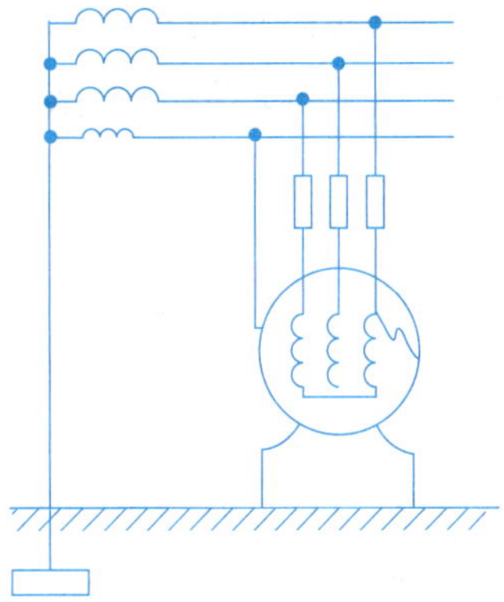

图3－10　保护接零

实施保护接零时应满足以下要求：

（1）同一电网中不得将一部分设备接零，而将另一部分设备接地。

（2）中性线不允许装保险装置。

（3）接零的干线的截面积不得小于相线截面积的一半，接零的支线的截面积不得小于相线截面积的三分之一。

三、绝缘电阻

电气设备的绝缘性能是否良好，不仅关系到设备能否正常运行，而且关系到操作人员的生命安全。另外，由于电气设备在工作时存在发热、受潮及老化等情况，绝缘性能有时达不到要求，因此在检修前后都需要用兆欧表测量绝缘电阻。

（一）绝缘电阻

电气设备（如电动机、家用电器）正常运行的条件之一就是其绝缘材料的绝缘程度（即绝缘电阻的数值）要符合安全标准。当电气设备受热或受潮时，绝缘材料便会老化，导致绝缘电阻降低，易发生漏电或短路事故。对此，要求依据安全生产制度按时检测各种电气设备的绝缘电阻，判断其绝缘程度是否达到要求。

测量普通电阻时，通常有低电压下测量和高电压下测量两种方式。由于绝缘电阻数值较高（一般为兆欧级，$1\text{M}\Omega=10^6\Omega$），在低电压下的测量值不能反映其在高电压下工作的真正绝缘电阻值，因此应在高电压下进行测量。

笔记栏

绝缘电阻是电气设备和电气线路最基本的绝缘指标。对于低压电气设备，常温下电动机、配电设备和配电线路的绝缘电阻不应低于 0.5MΩ（运行中的设备和线路的绝缘电阻不应低于 1MΩ）。低压电器及其连接电缆和二次回路的绝缘电阻一般不应低于 1MΩ；在比较潮湿的环境下，不应低于 0.55MΩ；二次回路小母线的绝缘电阻不应低于 10MΩ。Ⅰ类手持电动工具的绝缘电阻不应低于 2MΩ。

（二）兆欧表

1. 兆欧表的结构

兆欧表又称为绝缘电阻表（俗称摇表），是用于检测电气设备、供电线路绝缘电阻的一种可携式仪表。其标尺刻度以“MΩ”为单位，可较准确地测出绝缘电阻值。兆欧表与其他电阻测量仪表的不同之处是，它在测量绝缘电阻时本身就带有高电压电源。

兆欧表主要由两部分组成：一部分是由磁电系比率表组成的测量机构；另一部分是由手摇发电机组成的电源供给系统，包括接线柱（L、E、G）。兆欧表的外观如图 3－11 所示。

兆欧表中的手摇发电机多为永磁发电机，可以产生较高的直流电压。随着电子技术的发展，某些型号（如 ZC26、ZC30）的兆欧表已经用晶体管直流变换器代替手摇发电机。

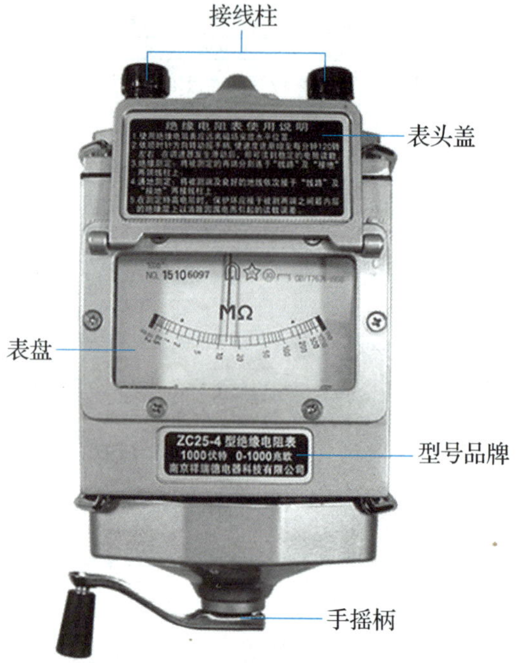

图 3－11　兆欧表的外观

2. 兆欧表的选择

兆欧表的主要性能参数有额定电压、测量范围等，额定电压有 100V、250V、500V、1 000V、2 500V 等，测量范围有 0～200MΩ、0～500MΩ、0～1 000MΩ、0～2 000MΩ、2MΩ～2 000MΩ 等。

选择兆欧表时，测量范围要与被测绝缘电阻的范围吻合，额定电压要与被测电气设备或线路的工作电压相适应。

兆欧表测量范围的选择主要考虑两点：其一，测量低压电气设备的绝缘电阻时可选用 0～200MΩ 的兆欧表，测量高压电气设备或电缆的绝缘电阻时可选用 0～2 000MΩ 的兆欧表；其二，有些兆欧表的起始刻度不是零，而是 1MΩ 或 2MΩ，这种兆欧表不宜用来测量潮湿环境中的低压电气设备的绝缘电阻，因为其绝缘电阻可能小于 1MΩ，会导致兆欧表无法读数或读数不准确。

兆欧表的额定电压应根据被测电气设备或线路的额定电压来选择。例如，测量额定电压在 500V 以上的电气设备的绝缘电阻时，一般应选择额定电压为 2 500V 的兆欧表；而测量额定电压在 500V 以下的电气设备的绝缘电阻时，可选择额定电压为 500V 或 1 000V 的兆欧表。如果用额定电压太低的兆欧表测量高压电气设备的绝缘电阻，则测量结果不能正确反映被测设备在工作电压下的绝缘电阻值；如果用额定电压太高的兆欧表测量低压电气设备的绝缘电阻，则有可能损坏被测电气设备的绝缘。兆欧表的额定电压和量程选择见表 3－8。

笔记栏

表 3-8　兆欧表的额定电压和量程选择

被测对象	设备的额定电压/V	兆欧表的额定电压/V	兆欧表的量程/MΩ
普通线圈的绝缘电阻	500 以下	500	0～200
变压器和电动机线圈的绝缘电阻	500 以上	1 000～2 500	0～200
发动机线圈的绝缘电阻	500 以下	1 000	0～200
低压电气设备的绝缘电阻	500 以下	500～1 000	0～200
高压电气设备的绝缘电阻	500 以上	2 500	0～2 000
瓷瓶、高压电缆、刀闸	—	2 500～5 000	0～2 000

3. 使用兆欧表的准备工作

（1）校表。兆欧表使用前要进行一次开路和短路试验，检查兆欧表是否良好。将兆欧表放置平稳，先使 L、E 两端开路，摇动手柄使发电机达到额定转速，这时表头指针在“∞”刻度处，然后将 L、E 两端短路，缓慢摇动手柄，指针应指在“0”刻度上。若指示不对，说明该兆欧表不能使用，应进行检修，如图 3-12 所示。

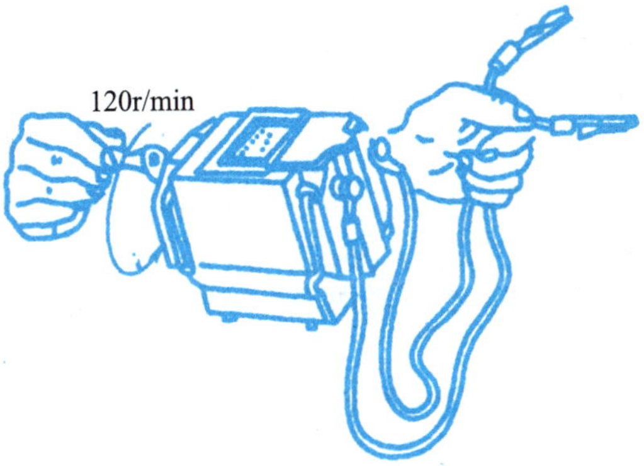

（a）开路检查

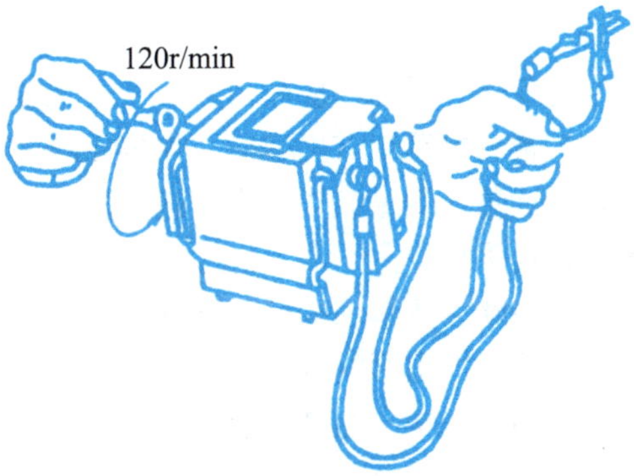

（b）短路检查

图 3-12　兆欧表的开路试验和短路试验

（2）用兆欧表测量线路或设备的绝缘电阻时，必须在不带电的情况下进行，绝对不允许带电测量。

（3）测量前，应断开被测线路或设备的电源，并对被测设备进行充分放电，清除残存静电荷，以免危及人身安全或损坏仪表。

4. 用兆欧表测量绝缘电阻的方法及注意事项

兆欧表使用时应放在水平、稳固的地方，且远离大的外电流导体和外磁场。兆欧表的接线柱共有三个：一个为“L”即线端，一个为“E”即地端，一个为“G”即屏蔽端（也称为保护环）。被测绝缘电阻通常接在“L”和“E”端之间，但当被测绝缘体表面漏电严重时，必须将被测物的屏蔽环或不须测量的部分与“G”端连接。这样，漏电流就会经由屏蔽端“G”直接流回发电机的负端形成回路，而不再流过兆欧表的测量机构。便可从根本上消除表面漏电流的影响。应特别注意的是，测量电缆线芯和外表之间的绝缘电阻时，一定要接好屏蔽端“G”，这是因为当空气湿度大或电缆绝缘表面不干净时，其表面的漏电流将会很大。为防止被测物因漏电而对其内部绝缘造成影响，通常在电缆外表加一个金属屏蔽环并与兆欧表的“G”

笔记栏

端相连。

（1）测量电力线路的绝缘电阻时，将“E”可靠接地，“L”接被测量线路，如图 3－13 所示。

（2）测量电动机、电气设备的绝缘电阻时，将“E”接设备外壳，“L”接电动机绕组或设备内部电路，如图 3－14 所示。

（3）测量电缆芯线与外壳间的绝缘电阻时，将“E”接电缆外壳，“L”接被测芯线，“G”接电缆外壳与芯线之间的绝缘层，如图 3－15 所示。

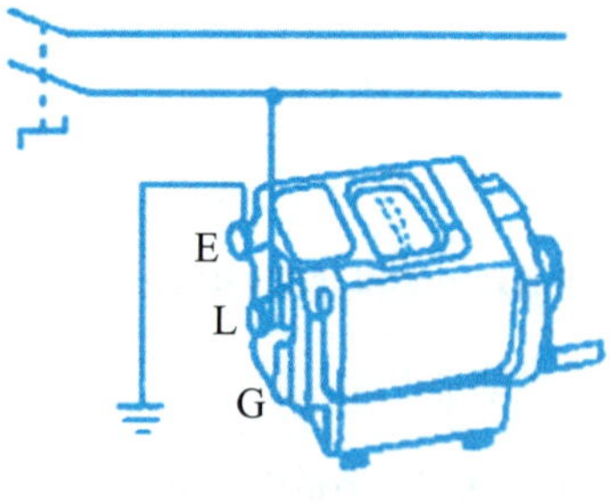

图 3－13　测量线路绝缘电阻

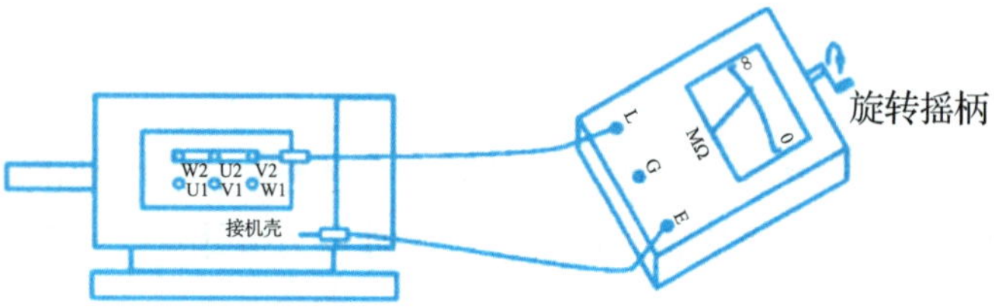

图 3－14　测量电动机绝缘电阻

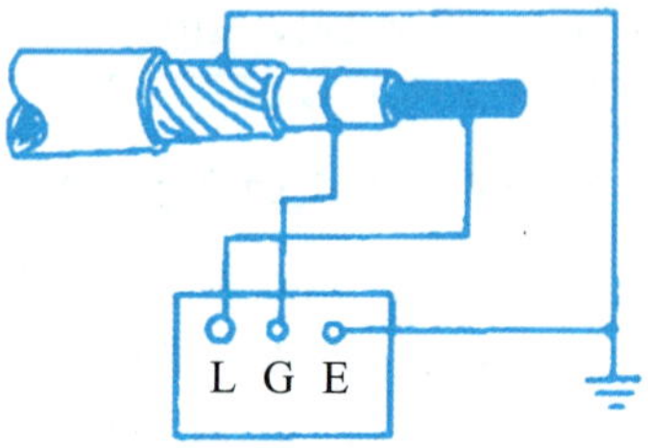

图 3－15　测量电缆绝缘电阻

（4）接好线后，按顺时针方向摇动手柄，速度由慢到快，并稳定在 120r/min，允许有±20％的变化，最多不应超过 25％。通常摇动 1min 后，待指针稳定下来再读数。

（5）被测电路中有电容时，先将兆欧表持续摇动一段时间，让兆欧表对电容充电，待指针稳定后再读数。测量完毕，先拆除连接导线，再停止摇动。若测量时发现指针指“0”，则应立即停止摇动手柄。

（6）兆欧表测量用的接线要选用绝缘良好的单股导线，测量时两条线不能绞在一起，以免导线间的绝缘电阻影响测量结果。

（7）测量完毕，在兆欧表停止转动或被测设备放电之前，不可用手触及被测部位，也不可拆除连接导线，以免触电。

（8）测量具有大电容的设备时，读数后不得立即停止摇动手柄，否则已充电的电容将对兆欧表放电，有可能烧坏兆欧表。

（9）手摇发电机要保持匀速，否则会使指针不停地摆动。

（10）测量过程中，若发现指针指“0”，说明被测物的绝缘层可能击穿短路，此时应停止摇动手柄。

（11）温度、湿度、被测物状况等对绝缘电阻的影响较大，为便于分析比较，记录数据时应反映上述情况。

需要注意的是，用兆欧表摇测电气设备的绝缘电阻时，一定要注意“L”和“E”接线柱不能接反，正确的接法是“L”接线柱接被测设备体，“E”接线柱接设备外壳，“G”接线柱接被测设备的绝缘部分。如果将“L”和“E”接反了，流过绝缘体内及表面的漏电流经外壳汇集到地，由地经“L”流进测量线圈，会使“G”失去屏蔽作用而给测量带来很大误差。还应注意，因为“E”接线柱内部引线同兆欧表外壳的绝缘程度比“L”接线柱与兆欧表外壳的绝缘程度低，所以将兆欧表放在地上使用时，“E”接线柱对兆欧表外壳和兆欧表外壳对地的绝缘短路，不会造成误差。但当“L”与“E”接反时，“E”对地的绝缘电阻同被测绝缘电阻并联而使测量结果偏小，会造成较大的误差。

由此可见，测量电气设备的绝缘电阻时，必须正确使用兆欧表，否则将影响测量的准确性

笔记栏

和可靠性。

四、接地电阻

接地是目前应用最广泛的电气安全措施之一。衡量接地系统优劣的重要指标就是接地电阻，通过对接地电阻的测量，可以判断接地系统的问题所在，从而进一步调整并完善接地系统。

（一）接地的概念及作用

所谓接地，就是把设备的某一部分通过接地装置同大地紧密连接在一起。

接地的主要作用是防止人身遭受电击、保障电力系统正常运行、防止雷击、防止静电损害、避免设备和线路遭受损坏、预防火灾。

1. 防止人身遭受电击

将电气设备在正常运行时不带电的金属导体部分与接地极之间进行良好的金属连接，可保障人身安全，防止人身遭受电击。

电气设备某处的绝缘体损坏后，外壳就会带电，由于电源中性点接地，即使设备不接地，因线路与大地间存在电容，此时人体接触到设备外壳时也会有电流流经人体；或者线路上某处绝缘不好，人体触及此处时，电流就会经人体而形成通路，从而使人体遭受电击伤害。

有接地装置的电气设备，当绝缘损坏、外壳带电时，接地电流将同时沿着接地极和人体两条通路流过，此时，人体与接地极是并联的关系，流过每一条通路的电流值将与其电阻的大小成反比，接地极电阻越小，流经人体的电流也就越小。通常人体的电阻比接地极电阻大数百倍，所以流经人体的电流比流经接地极的电流小数百倍。当接地电阻极小时，流经人体的电流几乎等于零，相当于接地极将人体短接，这样，人体就能避免触电的危险。

因此，应确保接地电阻不大于设计或规范中规定的接地电阻值。

2. 保障电力系统正常运行

电力系统接地一般为中性点接地，中性点的接地电阻很小，因此中性点与地间的电位差接近于零。当相线碰壳或接地时，其他两相对地电压，在中性点绝缘的系统中将升高为相电压的 $\sqrt{3}$ 倍，而在中性点接地的系统中则接近于相电压。因此，中性点接地将有利于系统的稳定运行，防止系统振荡；且系统中的电气设备和线路只需根据相电压来考虑绝缘水平，可降低电气设备的制造成本和线路的建设费用。中性点接地的系统，还可以确保继电保护动作可靠。

通信系统一般采用正极接地，可防止杂音窜入并保障通信设备正常运行。电子线路需要稳定的参考点才能正常运行，因此也需要进行接地。

3. 防止雷击和静电损害

雷击时会产生静电感应和电磁感应，物料在生产和运输过程中也会因摩擦而产生静电，都有可能引发事故。

防止雷击损害：接地系统通过将雷电冲击、静电和地电流安全地引入地下，有效保护建筑物和设备免受雷击损害。防雷接地系统包括避雷针、避雷线和避雷器等。

防止静电损害：静电接地通过将静电荷迅速导入地下，避免静电放电引起火花或局部发热，从而防止易燃易爆物品燃烧或爆炸。静电接地适用于各种可能产生静电的设备和环境，确保生产安全。

（二）接地的种类

接地的种类主要有工作接地、保护接地、防雷接地、防静电接地、重复接地、屏蔽接地、

笔记栏

等电位接地、电子设备的信号接地、电子设备的功率接地。

(1) 工作接地。工作接地就是将变压器的中性点接地。其主要作用是确保系统电位的稳定性，即减轻低压系统由于一相接地、高低压短接等原因导致的过电压危险，并能防止绝缘击穿。

(2) 重复接地。重复接地是在中性点直接接地的系统中，在零干线的一处或多处用金属导线连接接地装置。重复接地可以降低零线的对地电压，减轻故障程度。

(3) 屏蔽接地。屏蔽接地是将电子设备外壳及设备内外的屏蔽线或金属管接地，可有效减少电磁干扰，保证设备的正常运行。

(4) 等电位接地。等电位接地是将某些特殊场合（如医院的手术室、住宅楼卫生间）的所有金属部分相互连接起来并予以接地。等电位接地是为了防止产生危险的电位差。

(5) 电子设备的信号接地。信号接地是为信号回路中的放大器、混频器、扫描电路、逻辑电路等提供统一的基准电位，防止信号误差。

(6) 电子设备的功率接地。功率接地是为了保证继电器、电动机、电源装置、大电流装置等电路中的干扰信号泄漏到大地，避免干扰灵敏的信号电路。

(三) 接地电阻

接地电阻就是电流由接地装置流入大地，再经大地流向另一接地体或向远处分散所遇到的电阻，包括接地线和接地体本身的电阻、接地体与大地的电阻之间的接触电阻，以及两接地体之间的大地电阻或接地体到无限远处的大地电阻。接地电阻的大小直接体现了电气装置与“地”接触的良好程度，也反映了接地网的规模和接地系统性能的优劣。

不同的电气系统对接地电阻的要求是不一样的，具体数值可以查阅相应的电气规范。标准接地电阻要求如下：

(1) 独立的防雷保护接地电阻应小于等于 10Ω。

(2) 独立的安全保护接地电阻应小于等于 4Ω。

(3) 独立的交流工作接地电阻应小于等于 4Ω。

(4) 独立的直流工作接地电阻应小于等于 4Ω。

(5) 防静电接地电阻一般要求小于等于 100Ω。

(6) 共用接地体（联合接地）接地电阻应不大于 1Ω。

(四) 用接地电阻测试仪测量接地电阻

接地电阻测试仪又称接地摇表，按供电方式分为传统手摇式和电池驱动式，按显示方式分为指针式和数字式，按测量方式分为打地桩式和钳式。目前应用比较广泛的是指针式或数字式接地电阻测试仪，而在电力系统以及电信系统中多采用钳式接地电阻测试仪。

下面以 ZC298-1 型接地电阻测试仪为例介绍测量接地电阻的方法。

ZC298-1 型接地电阻测试仪适用于测量各种电力系统、电气设备、避雷针等接地装置的电阻值，亦可测量低电阻导体的电阻值和土壤电阻率。该仪表由手摇发电机、电流互感器、滑线电阻及检流计等组成，全部机构装在塑料壳内，外套皮壳，便于携带。附件有辅助探棒和导线等，装于附件袋内。接地电阻测试仪的外观及接线方式如图 3-16 所示。

1. 准备工作

(1) 熟读接地电阻测试仪的使用说明书，全面了解仪表的结构、性能及使用方法。

(2) 备齐测量时所必需的工具及全部仪表附件，并将仪表和接地探针擦拭干净，特别是接地探针，一定要将其表面影响导电性能的污垢及锈渍清理干净。

笔记栏

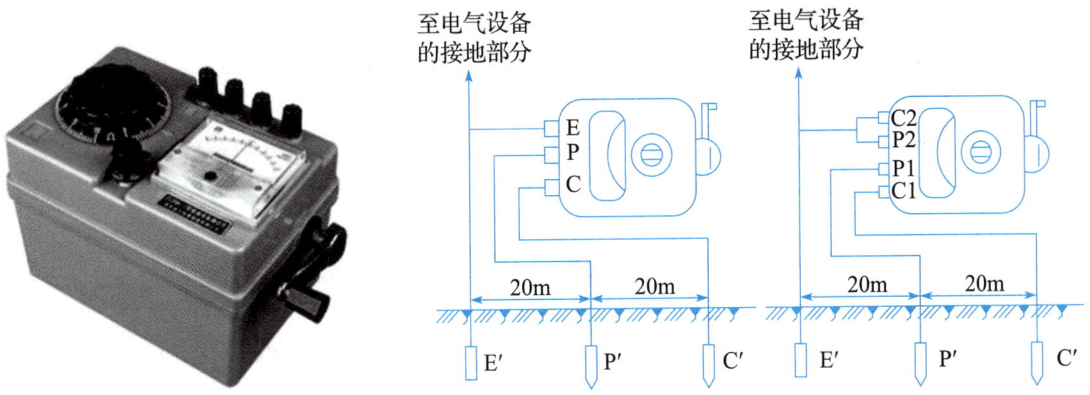

图 3－16　接地电阻测试仪的外观及接线方式

(3) 将接地干线与接地体的连接点或接地干线上所有接地支线的连接点断开，使接地体脱离任何连接关系成为独立体。

2. 测量步骤

(1) 将两个接地探针沿接地体辐射方向分别插入距接地体 20m、40m 的地下，插入深度为 400mm，如图 3－17 所示。

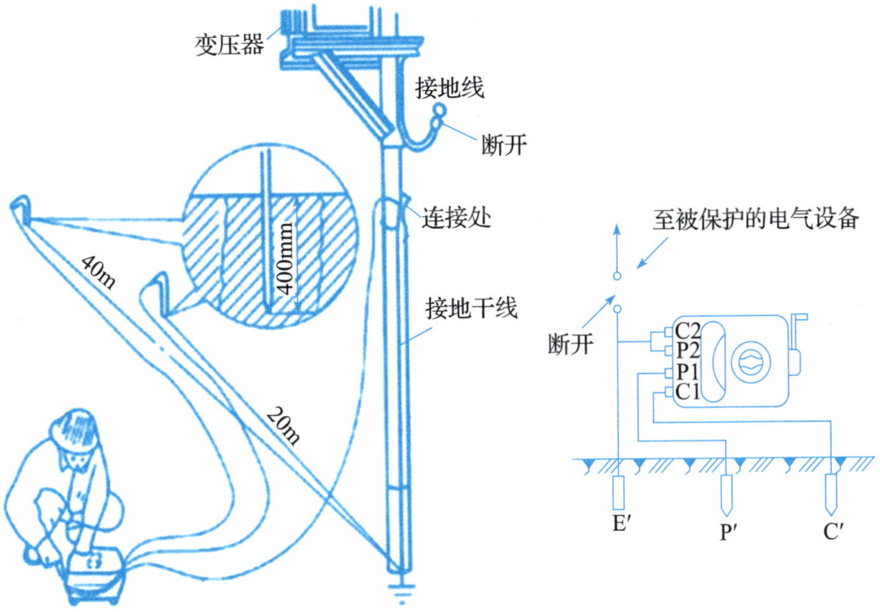

图 3－17　接地电阻测试仪使用图解

(2) 将接地电阻测试仪平放于接地体附近，并进行接线，接线方法如下：

①用最短的专用导线将接地体与接地电阻测试仪的接线柱“E”(三端钮的测试仪)或与“C2”短接后的公共端(四端钮的测试仪)相连。

②用最长的专用导线将距接地体 40m 的接地探针与测试仪的接线端“C1”相连。

③用余下的长度居中的专用导线将距接地体 20m 的接地探针与测试仪的接线端“P1”相连。

(3) 检查检流计的指针是否指向中心线，否则调节“零位调整器”使其指向中心线。

(4) 将“倍率标度”(或称粗调旋钮)置于最大倍数，并慢慢摇动发电机转柄(指针开始

笔记栏

偏移），同时旋动“测量标度盘”（或称细调旋钮）使检流计指针指向中心线。

（5）当检流计指针趋于平稳时（指针接近中心线）加快摇动转柄，使转速达到 120r/min，同时调整“测量标度盘”，使指针指向中心线。

（6）若“测量标度盘”的读数过小（小于 1）不易读准确时，说明倍率标度倍数过大。此时应将“倍率标度”置于较小的倍数，重新调整“测量标度盘”，使指针指向中心线并读出准确读数。

（7）计算测量结果，即 $R_{地}=$ “倍率标度”读数×“测量标度盘”读数。

即测即评

一、填空题

1. 防触电安全技术有________和________。

2. ________是指电对人体造成的局部伤害，即由电流的热效应、化学效应、机械效应对人体外部组织造成的伤害。

3. 触电的种类有________和________。

4. 触电急救方法有________和________。

二、单选题

1. 人体的一部分接触带电体时，另一部分与大地或中性线相接，电流从带电体流经人体到大地形成回路，这种触电称为（　　）。

A. 两相触电　　B. 单相触电　　C. 跨步电压触电　　D. 悬浮电路触电

2. 人体的不同部位同时接触两相电源带电体，所引起的触电称为（　　）。

A. 两相触电　　B. 单相触电　　C. 跨步电压触电　　D. 悬浮电路触电

三、多选题

1. 下列选项中，（　　）是维修电工的岗位职责。

A. 严格遵守公司员工守则和各项规章制度　　B. 制订所管辖设备的检修计划

C. 每月进行一次分管设备的维修保养工作　　D. 做好日夜班的交接班工作

2. 常见的触电原因有（　　）。

A. 线路架设不合要求　　B. 电气操作制度执行不严格

C. 用电设备不合要求　　D. 用电不规范

3. 直接触电的预防措施有（　　）。

A. 良好的绝缘　　B. 屏护装置　　C. 间距措施　　D. 电路不用接地

4. 常用绝缘工具有（　　）三种。

A. 绝缘手套　　B. 绝缘靴　　C. 绝缘棒　　D. 绝缘头盔

四、判断题

1. 检修电气设备前，必须穿戴好规定的防护装备，并检查工具和防护用具是否合格。（　　）

2. 检修配变设备动力干线时，必须严格执行操作规程和工作命令。特殊情况下（带电作业）须取得领导同意，方可进行工作。（　　）

3. 检修移动灯具时一律使用36V以下安全行灯，锅炉、管道检修和潮湿工作场所作业应使用12V安全行灯。（　　）

4. 电气火灾的紧急处理方式是切断电源，同时拨打火警电话报警。（　　）

5. 我国规定12V、24V、36V三个电压等级为安全电压级别。（　　）

6. 通过人体电流的大小与触电电压和人体电阻有关。（　　）

项目4

单相正弦交流电路分析

项目任务单

<table>
<tr><td>项目描述</td><td colspan="4">实际工作中，交流电路的应用范围极其广泛，日光灯电路便是交流电应用的典型例子。通过对交流电路的分析、安装及维护，可以更好地掌握交流电的相关知识。</td></tr>
<tr><td>项目载体</td><td colspan="4">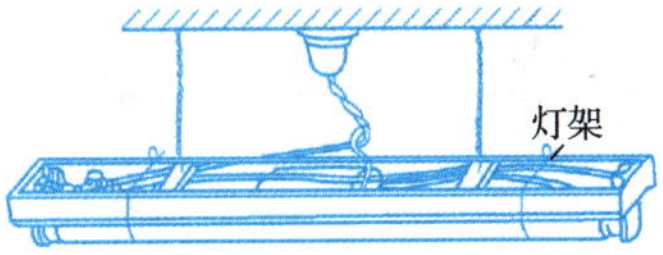

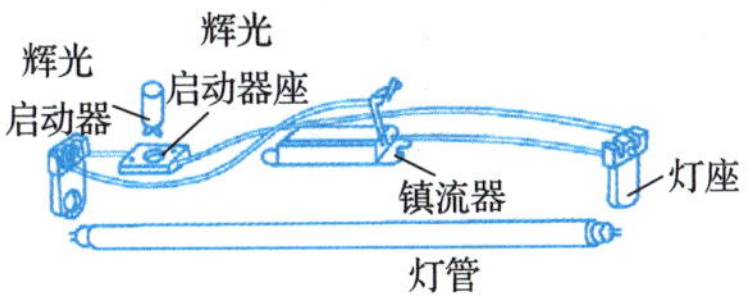

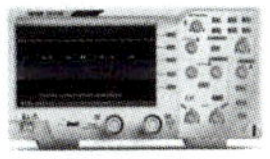
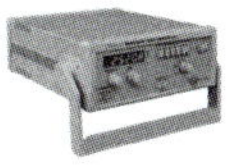</td></tr>
<tr><td>项目目标</td><td colspan="4">知识目标
（1）了解正弦交流电的产生及其特征。
（2）掌握正弦交流电的相量表示方法。
（3）掌握单相交流电路的电压电流关系及功率计算方法。
（4）了解提高功率因数的方法。
能力目标
（1）能够熟练使用交流电压表、电流表和功率表。
（2）会测试交流电路中的元件的参数。
（3）会使用示波器。
（4）会安装日光灯电路并了解其故障特点。
素质目标
（1）通过理论知识联系实际应用，培养学生开拓进取的创新精神。
（2）通过实验操作，培养学生精益求精的大国工匠精神。</td></tr>
<tr><td rowspan="5">学习任务</td><td>任务序号</td><td>任务名称</td><td>学时安排</td><td>备注</td></tr>
<tr><td>任务 1</td><td>双踪示波器测量正弦波波形</td><td>4 学时</td><td></td></tr>
<tr><td>任务 2</td><td>单相交流电路的测量</td><td>4 学时</td><td></td></tr>
<tr><td>任务 3</td><td>RLC 串联电路的测试</td><td>4 学时</td><td></td></tr>
<tr><td>任务 4</td><td>日光灯电路的安装</td><td>4 学时</td><td></td></tr>
</table>

任务 1 双踪示波器测量正弦波波形

动画：函数信号发生器和示波器的使用

一、任务目标

（1）了解正弦交流电的产生及其特征。

（2）掌握示波器的使用方法。

二、任务内容

使用示波器测量正弦波波形，记录相关数据。

三、任务器材（见表 4-1）

表 4-1 任务器材清单

任务器材	220V 电源	示波器	低频信号发生器
数量	1 套	1 台	1 台

四、任务步骤

1. 调出扫描基线

（1）打开示波器电源。

（2）按下 CH2、自动和常态三个按键，其他按键不要按下。

（3）将“sec/div”旋钮逆时针转到左端，然后转动“辉度”“聚焦”“位移”旋钮，在示波器荧光屏中间显示一个亮点，该亮点的亮度要适中且面积最小。

（4）顺时针转动“sec/div”旋钮，在荧光屏上得到一条水平亮线，该亮线就是扫描基线。

2. 检查

（1）将示波器探头的插头插到 CH2 插座上，开关置“X1”挡。

（2）将示波器探头接到示波器本身所提供的校准信号上。

（3）转动“Volts/div”和“sec/div”旋钮，直至荧光屏上显示 3～5 个左右稳定的方波。

（4）将“Volts/div”和“sec/div”旋钮中间的微调旋钮顺时针转到最右端。

（5）如果波形不稳定，则调节“电平”旋钮，直至波形稳定。

3. 测量

（1）打开低频信号发生器的电源，调整“波段”和“频率范围”，在数码显示器上显示 1kHz 的正弦波信号。

（2）调节输出电压旋钮，使电压表的指针指向中间。

（3）接上低频信号发生器的探头，将其红夹和示波器探头红夹连接，黑夹和示波器探头黑夹连接。

（4）调节“Volts/div”和“sec/div”旋钮，直至荧光屏上显示 3～5 个左右稳定的正弦波。

(5) 如果波形不稳定，则调节“电平”旋钮，直至波形稳定。

4. 读数

当荧光屏上出现稳定的正弦波后，即可读数。注意读数有两组。

第一组读数如下：

(1) 峰峰值：U_{P-P} 等于正弦波形最高点到最低点所占的格数（cm）乘以“sec/div”的数值，单位为伏特（V）。

(2) 峰值（最大值）：$U_P=U_M=\frac{1}{2}U_{P-P}$。

(3) 有效值：$U=\frac{\sqrt{2}}{2}U_P$。

(4) 平均值：$U_{平均}=\frac{2\sqrt{2}}{\pi}U=0.9U$。

第二组读数如下：

(1) 周期：T 等于一个完整正弦波形（通常选择两个相邻的最高点）所占的格数（cm）乘以“sec/div”的数值，单位为秒（s）。

(2) 频率：$f=\frac{1}{T}$，单位为赫兹（Hz）。

将测量结果填入表 4-2。

表 4-2 正弦波形数值

序号	峰峰值	峰值（最大值）	有效值	平均值	周期	频率
1						
2						
3						

五、注意事项

(1) 安全起见，示波器的机壳必须接地。通电前，应检查电源线有无磨损、断裂和裸露的情况，以免引起触电事故；检查电源电压是否与仪器工作电压相符。

(2) 避免在阳光直射下或明亮的环境中使用示波器。

(3) 测量前应估算被测信号的幅度，若不明确，可将示波器的选择开关置于最大挡，避免因电压过高而损坏示波器。

(4) 注意扩展挡位和旋钮的位置。大部分示波器设有扩展挡位和旋钮，定量测量时一定要检查这些旋钮的位置，避免读数错误。

六、任务考核

<table>
<tr><td>班级</td><td></td><td>姓名</td><td></td><td>组号</td><td></td><td rowspan="2">扣分记录</td><td rowspan="2">得分</td></tr>
<tr><td>项目</td><td>配分</td><td colspan="2">考核要求</td><td colspan="2">评分细则</td></tr>
<tr><td>在示波器调出扫描基线</td><td>20 分</td><td colspan="2">能在示波器上调出扫描基线</td><td colspan="2">(1) 示波器未接地，扣 10 分；
(2) 未调出扫描基线，扣 10 分</td><td></td><td></td></tr>
</table>

续表

班级		姓名		组号		扣分记录	得分
项目	配分	考核要求		评分细则			
示波器检查	20 分	能正确检查示波器		（1）未调出方波，扣 5 分； （2）波形不稳定，扣 5 分			
示波器测量	25 分	能正确操作示波器进行测量		（1）低频信号发生器使用不正确，扣 5 分； （2）未调出正弦波，扣 5 分； （3）正弦波不稳定，扣 5 分			
示波器读数	25 分	能正确读取示波器数据		（1）不能正确读出电压值，每次扣 10 分； （2）不能读出时间值，每次扣 5 分			
安全文明操作	10 分	（1）安全用电，无人为损坏仪器、元件和设备的现象； （2）保持环境整洁、秩序井然，操作习惯良好； （3）小组成员团结协作，工作态度端正； （4）不迟到、不早退、不旷课		（1）违反操作规程，每次扣 5 分； （2）工作场地不整洁，扣 5 分			
总分							

任务2 单相交流电路的测量

微课：交流电量测量

动画：常用电工仪表的使用

一、任务目标

（1）掌握单相交流电路的电压电流关系及功率计算方法。
（2）掌握交流电压表、电流表和功率表的使用方法。
（3）掌握交流电路中元件参数的测试方法。

二、任务内容

能正确使用交流电压表、电流表和功率表测量被测元件的各项基本参数。

三、任务器材（见表4-3）

表4-3 任务器材清单

序号	名称	型号	规格	数量
1	单相调压器	0～250V	0.5kVA，2A	1
2	交流电流表	T51型	0.5级	1
3	交流电压表	T51型	0.5级	1
4	单相功率表	D26型	0.5级	1
5	电感线圈	—	—	1

四、任务步骤

（1）在交流电路中，测量负载等交流参数的方法有很多，可用欧姆表、电感或电桥直接测得，也可用交流电压表、交流电流表和功率表分别测出U、I、P三个量后，再通过计算得出，这种方法称为三表法，是测量交流电路参数的基本方法。

（2）按图4-1所示接线，自耦调压变压器输入/输出公共端接电源零线，输入端接220V电源相线，输出端接负载。合上电源开关前将调压器手柄调置零位，每次用毕必须退回零位。功率表的接法如图4-2所示，电流线圈的接法和电流表相同，应与被测负载串联；电压线圈的接法和电压表相同，应与被测负载并联。两线圈标有“*”号的端点相连。电压线圈、电流线圈的量程必须大于负载端电压及负载电流。

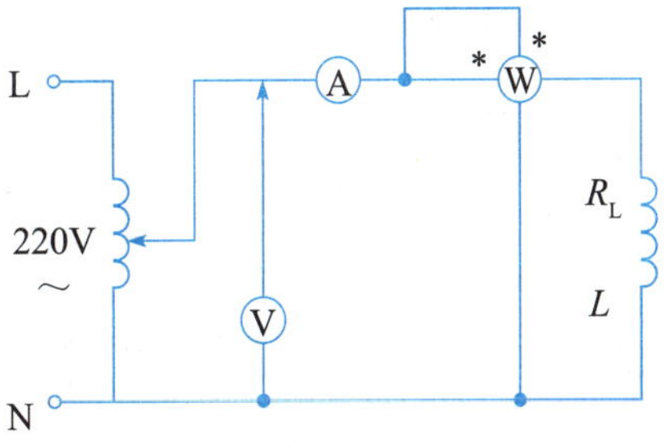

图4-1 单相交流电路实验电路图

（3）接通电源，转动调压器手柄，使输出电压U增加，且使电流表读数为0.5A，测量此时的U、P的值，并记入表4-4中，根据测量值计算被测元件的参数值

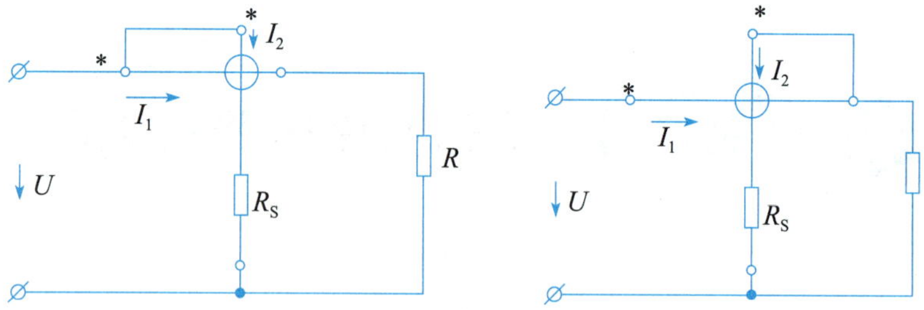

图 4－2　功率表的接线方法

$$Z_L=\frac{U}{I}$$

$$R_L=\frac{U\cos\varphi}{I}=\frac{P}{I^2}$$

$$X_L=\sqrt{Z_L^2-R_L^2}=\frac{U}{I}\sqrt{1-\cos^2\varphi}$$

$$L=\frac{X_L}{2\pi f}$$

表 4－4　单相交流电路实验数据

测量数据			计算数据				
P/W	I/A	U/V	R_L/Ω	R_L/Ω	R_L/Ω	L/H	$\cos\varphi$

五、注意事项

（1）正确连接与使用调压器，注意调压器输出端与输入端绝对不能接反。

（2）正确选择仪表量程，电流表量程要大于或等于计算电流的最大值；电压表量程要大于或等于计算电压的最大值；电流表与功率表电流量程要一致，电压表与功率表电压量程要一致。

（3）测量时电流不宜过大，以免线圈过热。

（4）操作者的双手只能触碰绝缘部分，以防触电。

六、任务考核

班级		姓名		组号		扣分记录	得分
项目	配分	考核要求		评分细则			
选择仪表量程	10 分	能正确选择交流仪表量程		未正确选择仪表量程，每次扣 5 分			
连接电路	20 分	能正确连接实验电路		（1）连接不规范，每处扣 5 分； （2）电路连接不正确，扣 5 分			
使用相关仪器	20 分	能正确使用相关仪表，并读数		（1）连接方法不正确，扣 5 分； （2）不会电压表、电流表读数，扣 5 分； （3）不会功率表读数，扣 10 分			

续表

班级		姓名		组号		扣分记录	得分
项目	配分	考核要求		评分细则			
完成实验并记录参数	40 分	能正确进行电路实验并记录，能正确计算相关参数		(1) 不能按操作要求进行电路实验，扣 20 分； (2) 不能正确记录相关参数，每次扣 10 分； (3) 不能正确计算相关参数，每次扣 10 分			
安全文明操作	10 分	(1) 安全用电，无人为损坏仪器、元件和设备的现象； (2) 保持环境整洁、秩序井然，操作习惯良好； (3) 小组成员团结协作，工作态度端正； (4) 不迟到、不早退、不旷课		(1) 违反操作规程，每次扣 5 分； (2) 工作场地不整洁，扣 5 分			
总分							

任务 3 RLC 串联电路的测试

一、任务目标

（1）掌握 RLC 串联电路的总电压与各元件电压的关系。
（2）掌握示波器的使用方法。
（3）掌握 RLC 串联电路中各元件电压的测试方法。

二、任务内容

能正确使用示波器测量 RLC 串联电路中各元件的电压关系。

三、任务器材（见表 4－5）

表 4－5 任务器材清单

任务器材	交流电源	电阻	电感	电容	万用表	示波器
数量	1 个	1 个	1 个	1 个	1 个	1 台

四、任务步骤

1. 测试 RLC 串联电路中总电压与分电压的关系

（1）按电路选择元件并设定参数，电路连接如图 4－3 所示。
（2）设备调试。
（3）将数据填入表 4－6。
（4）得出结论。

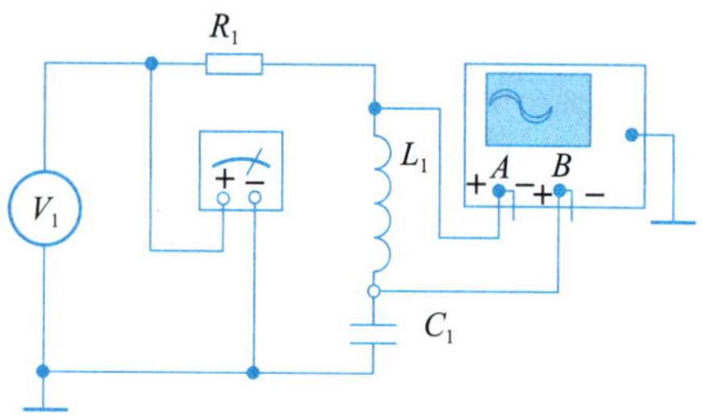

图 4－3 RLC 串联电路

表 4－6 RLC 串联电路参数记录

次数	参数	U_{RM}	U_{LM}	U_{CM}	U_M
1	$R_1=$				
	$L_1=$				
	$C_1=$				
2	$R_2=$				
	$L_2=$				
	$C_2=$				

2. 测试 RLC 串联谐振时的电路特点

（1）重新连接 RLC 串联电路，接入示波器。

(2) 改变电感和电容的参数，使电路产生谐振。
(3) 通过示波器读出电感、电容，以及电阻元件两端的电压和电路总电压。
(4) 将数据填入表 4 - 7。
(5) 计算电路的品质因数 Q。

表 4 - 7　RLC 串联谐振数据记录

元件参数	谐振频率	品质因数 Q	U_{RM}	U_{LM}	U_{CM}	U_M

五、注意事项

(1) 连接电路时注意接地。
(2) 正确选择万用表的交流量程。
(3) 正确识读示波器是测试谐振电路的关键。

六、任务考核

班级		姓名		组号		扣分记录	得分
项目	配分	考核要求		评分细则			
选择元件并设置参数	10 分	能正确选择元件并设置参数		(1) 不能正确选择元件，扣 5 分； (2) 不能正确设置参数，扣 5 分			
连接电路	20 分	能正确连接电路		(1) 电路连接不规范，每处扣 5 分； (2) 电路连接不美观，扣 5 分			
选择万用表和示波器	20 分	能正确选择万用表和示波器，并进行必要的设置		(1) 连接方法不正确，扣 5 分； (2) 设置不正确，扣 5 分； (3) 不会使用万用表，扣 10 分			
调试并记录数据	40 分	能正确进行电路调试并记录相关数据		(1) 不能进行电路调试，扣 20 分； (2) 不能正确记录相关参数，每次扣 10 分			
安全文明操作	10 分	(1) 安全用电，无人为损坏仪器、元件和设备的现象； (2) 保持环境整洁、秩序井然，操作习惯良好； (3) 小组成员团结协作，工作态度端正； (4) 不迟到、不早退、不旷课		(1) 违反操作规程，每次扣 5 分； (2) 工作场地不整洁，扣 5 分			
总分							

任务 4　日光灯电路的安装

动画：简单照明电路的连接

微课：日光灯控制电路

一、任务目标

（1）了解日光灯的结构，掌握日光灯的工作原理。

（2）掌握日光灯的安装方法及注意事项。

二、任务内容

通过学习日光灯的结构和工作原理，能正确、合理地布置元器件，并进行布线、安装、试灯和线路调试。

三、任务器材（见表 4－8）

表 4－8　任务器材清单

任务器材	电工工具	万用表	灯架	灯座	灯管	镇流器	开关	辉光启动器	BVV 线
数量	1 套	1 个	1 个	1 套	1 个	1 个	1 个	1 个	若干

四、任务步骤

1. 线路安装

（1）划线定位。

根据接线图确定照明线路的走向及灯座、开关和其他附件的准确安装位置，然后用划线工具在安装处定位、划线，同时划出固定铝线卡（或塑料线夹）的位置（一般要求间隔 150～200mm）。在距离灯座、开关和灯具木台的 50mm 处都要设置线卡（或线夹）的固定点。

（2）固定线卡（或线夹）。

在划有固定线卡（或线夹）的位置上用小圆钉直接将铝线卡钉牢。铝线卡的常用规格有 0、1、2、3、4 号，号码越小长度越短。

（3）导线的敷设。

主要采用护套线的敷设方法。线路的敷设要求整齐、美观、横平竖直；常用敷设顺序是由上而下、从左往右；导线弯曲要均匀，其弯曲半径应大于护套线宽度的 3～6 倍。

2. 日光灯的接线和装配

日光灯照明线路的安装方法与白炽灯照明线路类似，导线的敷设、接线盒和开关等照明附件的安装方法与要求也基本相同。

首先将日光灯的两个灯座分别固定在灯架的两端，其间距要按所用灯管的长度量好，以灯管的两灯脚刚好插进灯座插口中为准。接着用导线将辉光启动器底座的两个接线柱分别与两灯座中的两个接线柱连接，再用木螺钉将底座固定在灯架上。日光灯灯座中余下的两个接线柱，一个与镇流器的一个出线端连接，另一个与电源的零线连接，镇流器的另一个出线端与来自开关的相线连接，接好线后把辉光启动器插入底座。最后仔细检查线路，保证线路正确无误。装入日光灯管，接通电源，闭合开关。日光灯的接线和装配如图 4－4 所示。

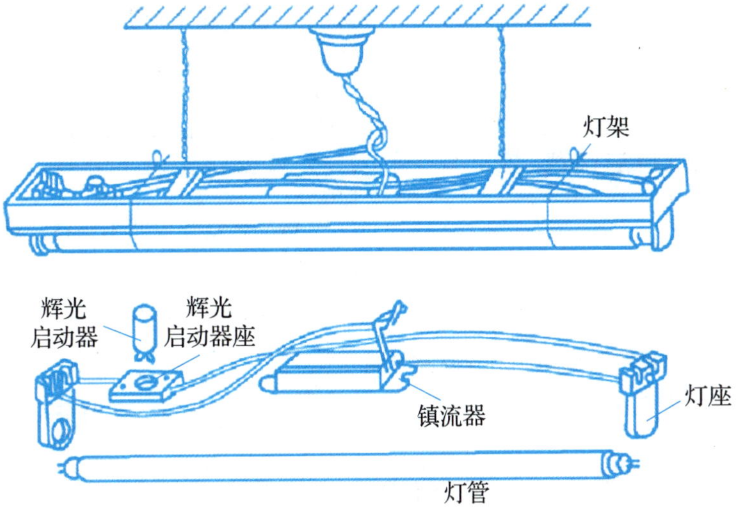

图 4－4　日光灯的接线和装配

镇流器的接线如图 4－5 所示。其中，1 和 2 为主线圈，3 和 4 为副线圈，它们绕在同一个铁芯上。

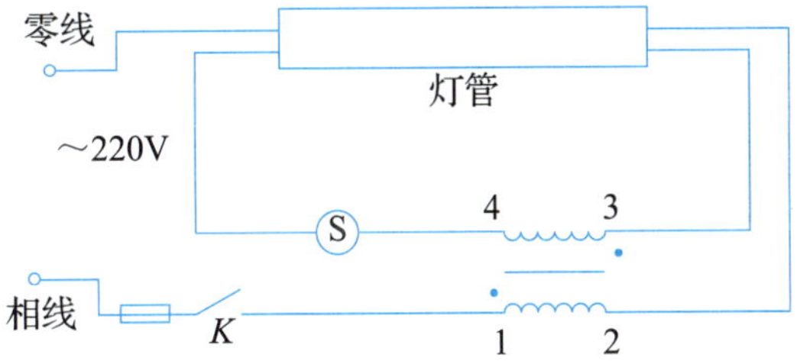

图 4－5　镇流器的接线

五、注意事项

（1）采用开启式灯座时，必须用细绳将灯管两端绑扎在灯架上，以防灯座松动时灯管坠下。

（2）灯架背部应加装防护盖，既可以遮挡灰尘，又可以避免杂物掉落砸坏灯架。镇流器部位的盖罩上要钻孔，保持良好的散热。

（3）吊式灯架的电源引线必须从挂线盒中引出，套上绝缘套管再接一个挂线盒。

（4）切不可将日光灯贴装在可燃性建筑材料上。

六、任务考核

班级		姓名		组号		扣分记录	得分
项目	配分	考核要求		评分细则			
布置元器件	10 分	能正确、合理地布置元器件		（1）不会识图，扣 5 分； （2）开关未接在相线上，扣 5 分			

续表

<table>
<tr><th>班级</th><th></th><th>姓名</th><th></th><th>组号</th><th></th><th rowspan="2">扣分记录</th><th rowspan="2">得分</th></tr>
<tr><th>项目</th><th>配分</th><th colspan="2">考核要求</th><th colspan="2">评分细则</th></tr>
<tr><td>布线安装</td><td>40 分</td><td colspan="2">能正确进行布线、安装</td><td colspan="2">(1) 导线敷设未按工艺要求，每处扣 5 分；
(2) 不会安装灯座，每处扣 5 分；
(3) 镇流器安装不合格，扣 10 分；
(4) 辉光启动器安装不合格，扣 10 分</td><td></td><td></td></tr>
<tr><td>试灯及线路调试</td><td>40 分</td><td colspan="2">能正确调试电路，出现故障时能够排除</td><td colspan="2">(1) 一次试灯不成功，扣 10 分；
(2) 发生线路故障且未能排除，扣 20 分；
(3) 线路不美观、不整齐，扣 10 分</td><td></td><td></td></tr>
<tr><td>安全文明操作</td><td>10 分</td><td colspan="2">(1) 安全用电，无人为损坏仪器、元件和设备的现象；
(2) 保持环境整洁、秩序井然，操作习惯良好；
(3) 小组成员团结协作，工作态度端正；
(4) 不迟到、不早退、不旷课</td><td colspan="2">(1) 违反操作规程，每次扣 5 分；
(2) 工作场地不整洁，扣 5 分</td><td></td><td></td></tr>
<tr><td colspan="7">总分</td><td></td></tr>
</table>

知识链接

微课：正弦交流电量的基本概念

笔记栏

一、正弦量

图 4－6 所示为手电筒电路，图 4－7 所示为照明灯电路，这两个电路是我们最熟悉的，那么流过手电筒的电流和流过照明灯的电流是相同类型的吗？实际上，流过手电筒的电流是直流电流，流过照明灯的电流是交流电流。在生产和生活中，交流电应用得非常广泛，如工业用的电机、电磁阀等，生活中的电视、计算机、照明灯、冰箱、空调等。

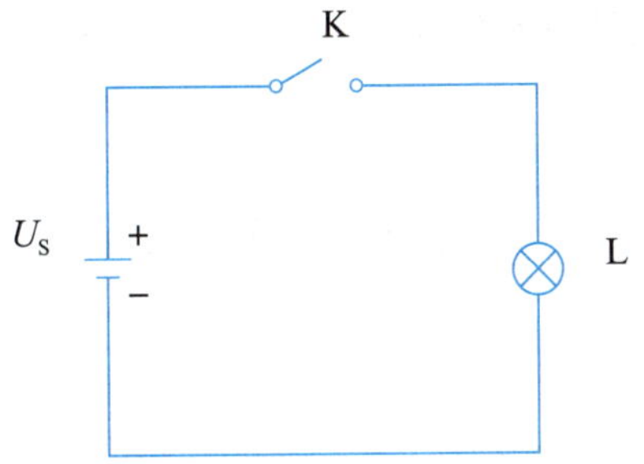

图 4－6　手电筒电路

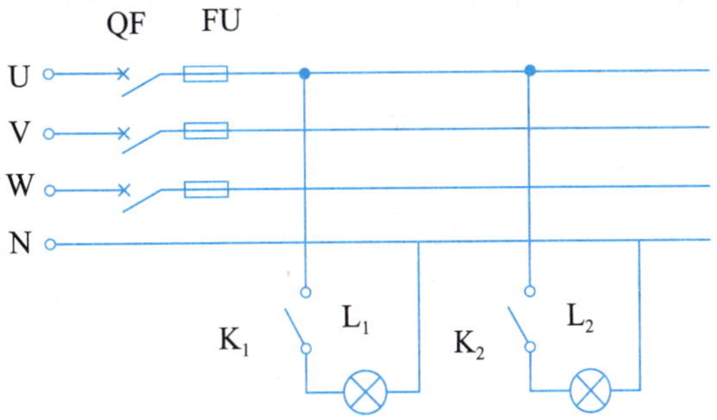

图 4－7　照明灯电路

（一）正弦量的三要素

1. 交流电的产生

获得交流电的方法有多种，但大多数交流电是由交流发电机产生的。图 4－8（a）所示为最简单的交流发电机示意图，标有 N、S 的为两个静止磁极。磁极间放置一个可以绕轴旋转的铁芯，铁芯上绕有线圈 $abb'a'$，线圈两端分别与两个铜质滑环相连。滑环固定在转轴上，并与转轴绝缘。每个滑环上安放一个静止的电刷，用于将线圈中感应出来的正弦交变电动势与外电路相连。

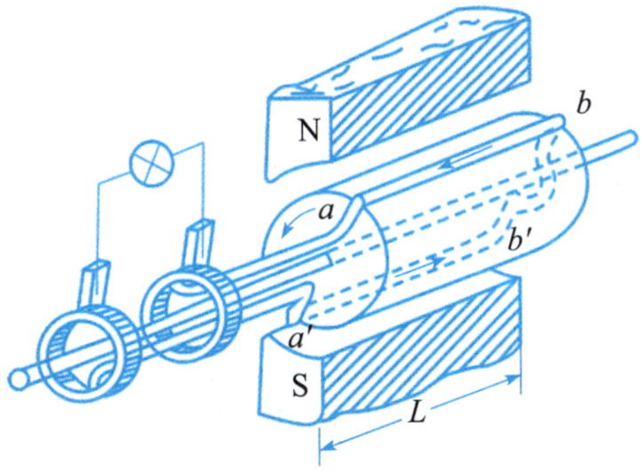

（a）交流发电机结构

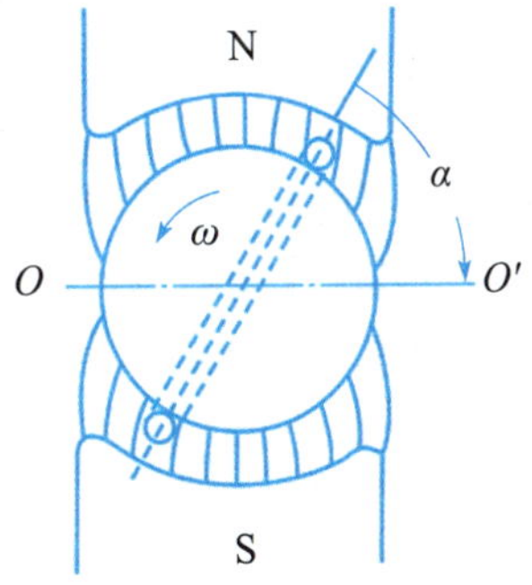

（b）磁感应强度

图 4－8　最简单的交流发电机示意图

由铁芯、线圈、滑环等组成的转动部分叫电枢。电枢被原动机拖动以角速度 ω 匀速旋转时，线圈的 ab 和 $a'b'$ 边因切割磁力线而产生感应电动势。因为线圈对称布置在铁芯表面，所以任一瞬间，线圈两边导体中的感应电动势总是大小相等而方向相反，总的感应电动势等于每边导体感应电动势的两倍。

设线圈每边导体处于磁场中的长度为 l，导体所在处的磁感应强度为 B，铁芯表面任一点的速度为 v，则线圈的感应电动势为

笔记栏

$e=2Blv$。

磁感应强度 B 在 $O-O'$ 平面（即磁极的分界面，称中性面）处为零，在磁极中心处最大（$B=B_m$），沿着铁芯的表面按正弦规律分布，如图 4-8（b）所示。

2. 正弦交流电的三要素

若假定计时开始，绕组所在位置与中性面的夹角为 φ，以角速度 ω 逆时针匀速旋转，经 t 秒后，它们之间的夹角则变为 $\alpha=\omega t+\varphi$，因此，上式又可写为：

$$e=E_m\sin(\omega t+\varphi)$$

该式即是正弦量的瞬时值表达式，表示电动势 e 与时间 t 的正弦函数关系，而这一函数关系的确定取决于 E_m、ω、φ 三个参数。E_m、ω 和 φ 分别为正弦量的幅值、角频率和初相位，它们是确定正弦量的三要素。

（1）幅值。

瞬时值是用来描述交流电在变化过程中任一时刻的值。瞬时值是时间的函数，如图 4-9 所示的电动势。瞬时值用小写字母表示，如 e、u、i。

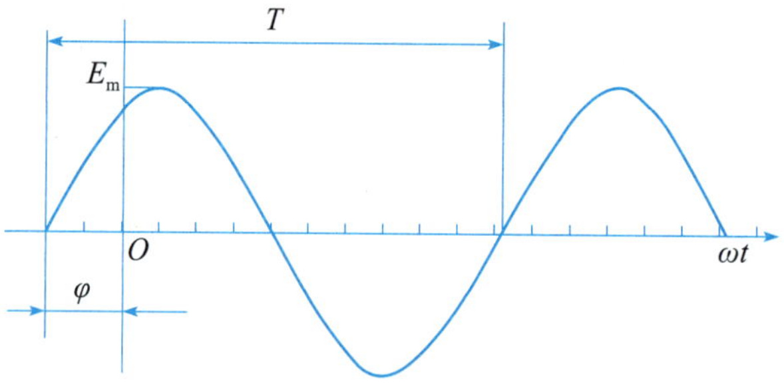

图 4-9　电动势波形图

（2）频率。

①角频率：单位时间内交流电变化的角度称为正弦量的角频率，用 ω 表示，单位是 rad/s（弧度/秒）。

②周期：正弦交流电变化一周所需的时间称为周期，用 T 表示，单位是 s（秒）。

③频率：交流电每秒钟变化的次数，称为交流电的频率，用 f 表示，单位是 Hz（赫兹）。

我国采用 50Hz 作为电力工业的标准频率，称为工频。

角频率与频率、周期之间有如下关系：

$$\omega=\frac{2\pi}{T}=2\pi f$$

（3）初相位。

①相位：正弦交流电随时间变化，电角度（$\omega t+\varphi$）叫作正弦交流电的相位角，简称相位。

②初相：$t=0$ 时的相位角叫作初相角（或初相位），简称初相。初相角 φ 的绝对值不超过 180°。

综上所述，正弦交流电的最大值、频率和初相叫作正弦交流电的三要素。三要素描述了正弦交流电的大小、变化快慢和起始状态。三要素确定后，就可以唯一地确定一个正弦交流电了。

3. 同频率正弦量的相位差

两个同频率的正弦交流电的相位之差叫相位差。相位差表示两正弦量到达最大值的先后差距。

例如：已知 $u=U_m\sin(\omega t+\varphi_1)$，$i=I_m\sin(\omega t+\varphi_2)$，则 u 和 i 的相位差为：

$$\varphi=(\omega t+\varphi_1)-(\omega t+\varphi_2)=\varphi_1-\varphi_2$$

上式表明两个同频率的正弦交流电的相位差等于初相之差。

如图 4-10 所示，两个同频率的正弦交流电的相位差中，若 $\varphi_1-\varphi_2>0$，称 u 超前于 i；若 $\varphi_1-\varphi_2<0$，称 u 滞后于 i；若 $\varphi_1-\varphi_2=0$，称 u 和 i 同相；若 $\varphi_1-\varphi_2=\pm 90°$，称 u 和 i 正交；若 $\varphi_1-\varphi_2=\pm 180°$，称 u 和 i 反相。

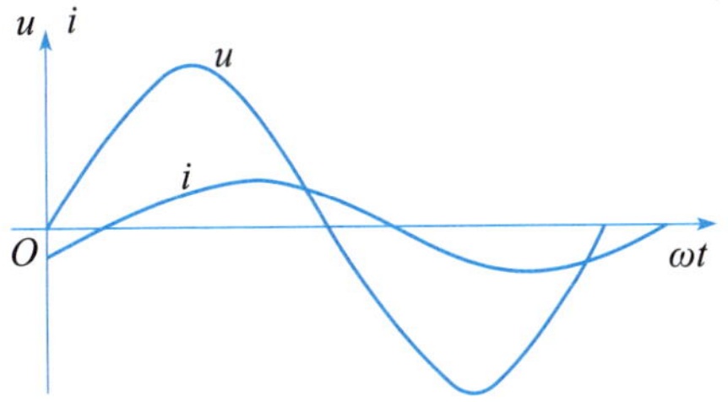

（a）u超前i

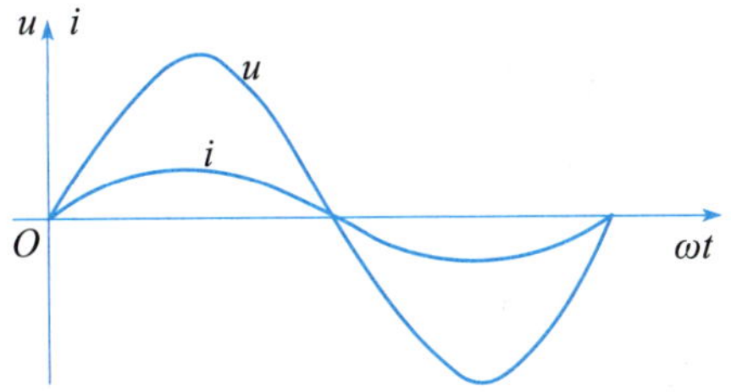

（b）同相

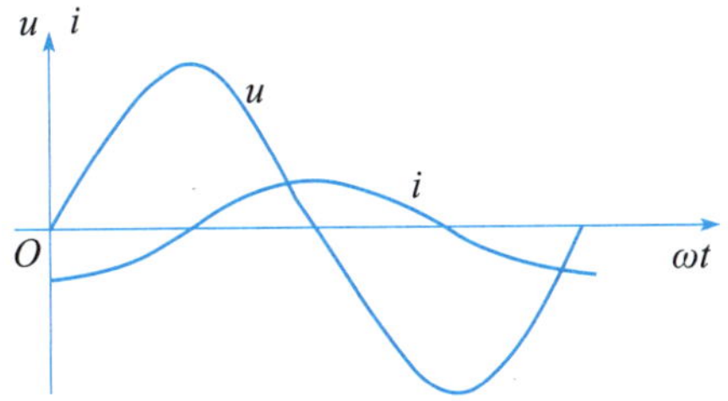

（c）正交

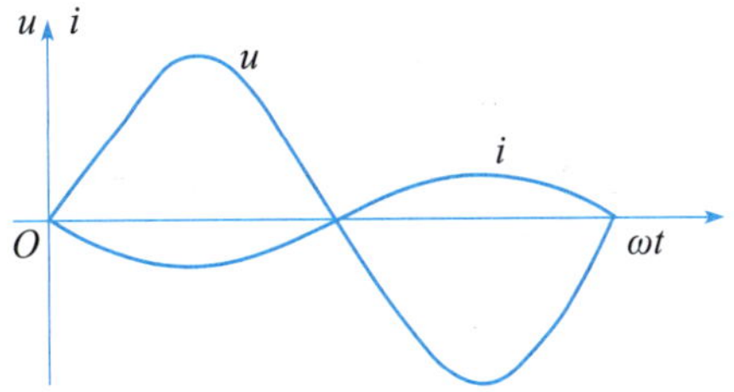

（d）反相

图 4-10　相位关系

4. 正弦量的有效值

交变电流的有效值是根据热效应确定的。即在相同的电阻 R 中，分别通入直流电和交流电，在一个交流周期内，如果它们在电阻上产生的热量相等，则用此直流电的数值表示交流电的有效值。实际操作中，常用有效值来衡量交流电的大小。有效值用大写字母表示，如 E、I、U。

交流电表的指示值和交流电器上标示的电流、电压数值一般都是有效值。

（二）正弦量的相量表示

同频率正弦量相加、减，可以用解析式的方法，还可以用波形图逐点描绘的方法，但这两种方法都不简便；简便且常用的是相量法。复数及其运算规律是相量法的数学基础。

1. 复数及其运算规律

（1）复数的表达形式。

设 A 为一复数，其实部和虚部分别为 a 和 b，则 $A=a+jb$。其中 j 是虚部的单位，此式为复数的代数形式。复数还可以用矢量表示，如图 4-11（a）所示。其中 $|A|$ 表示复数 A 的大小，称为复数的模；φ 是矢量的方向角，称为复数的幅角。

$$|A|=\sqrt{a^2+b^2}$$

$$\varphi=\arctan\frac{b}{a}$$

笔记栏

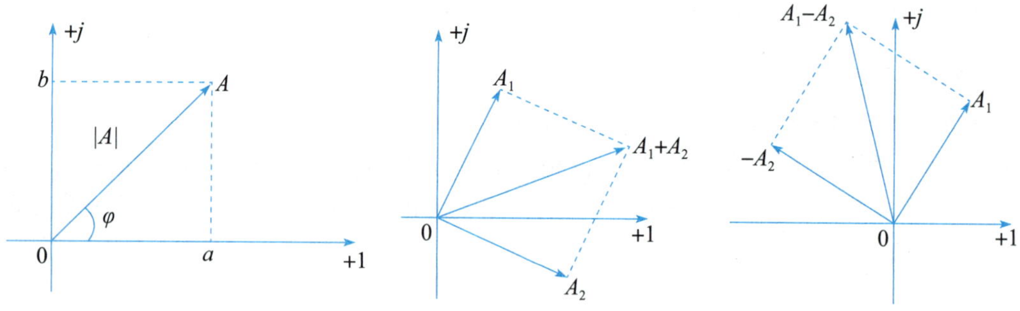

（a）复数A　（b）A_1+A_2　（c）A_1-A_2

图 4-11　复数图解法

（2）复数的四则运算。

设两复数为 $A=a_1+jb_1$，$B=a_2+jb_2$。

①加减运算：可利用代数式将复数的实部和虚部分别相加、减，也可用图解法（平行四边形法）求解，如图 4-11（b）、图 4-11（c）所示。

$$A\pm B=(a_1\pm a_2)+j(b_1\pm b_2)$$

②乘除运算：利用极坐标式将模相乘、除，而幅角相加、减。

$$A\cdot B=r_1\angle\varphi_1\cdot r_2\angle\varphi_2=r_1\cdot r_2\angle(\varphi_1+\varphi_2)$$

$$\frac{A}{B}=\frac{r_1\angle\varphi_1}{r_2\angle\varphi_2}=\frac{r_1}{r_2}\angle(\varphi_1-\varphi_2)$$

由于复数运算方便，将正弦量中的频率作为已知量处理，因此可用复数的两个量（实部、虚部或者模、幅角）分别表示正弦量的两个要素，这就是正弦量的相量表示法。一个相量可以代表一个正弦量，但不能认为正弦量等于相量。

在实际应用中，正弦量多用有效值表示，因此，令复数的模与正弦量有效值相等，幅角等于正弦量的初相位，则称为有效值相量，用有效值上加一黑点表示。例如，$i=I_m\sin(\omega t+\varphi)$，对应的有效值相量表示为：$\dot{I}=I\angle\varphi$。

2. 相量图

正弦量可以用振幅相量或有效值相量表示，通常用有效值相量表示。

（1）振幅相量表示法。

振幅相量表示法是用正弦量的振幅值作为相量的模（大小）、用初相角作为相量的幅角。例如，有三个正弦量为

$$e=60\sin(\omega t+60°)\text{V}$$
$$u=30\sin(\omega t+30°)\text{V}$$
$$i=5\sin(\omega t-30°)\text{A}$$

微课：正弦电量的相量表示方法

则它们的振幅相量图如图 4-12 所示。

（2）有效值相量表示法。

有效值相量表示法是用正弦量的有效值作为相量的模（长度）、仍用初相角作为相量的幅角，例如：

$$u=220\sqrt{2}\sin(\omega t+53°)\text{V},\quad i=0.41\sqrt{2}\sin\omega t\,\text{A}$$

笔记栏

则它们的有效值相量图如图 4-13 所示。

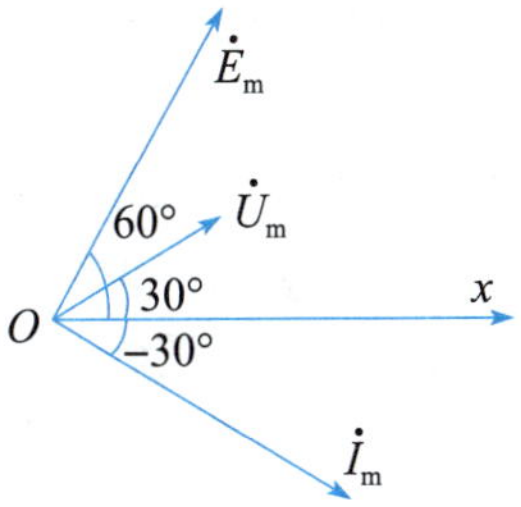

图 4-12 振幅相量图

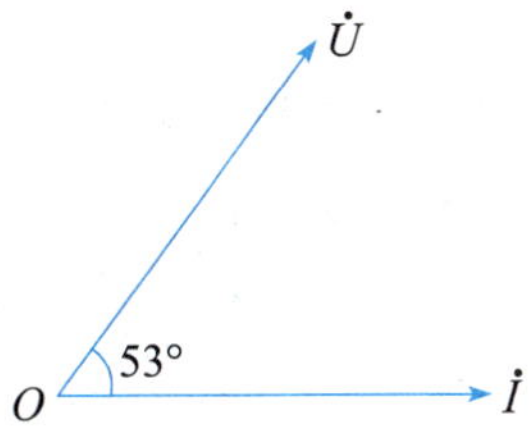

图 4-13 有效值相量图

二、示波器的使用

示波器是一种用途十分广泛的电子测量仪器，它能把肉眼看不见的电信号变换成看得见的图像，便于人们研究各种电现象的变化过程。示波器是将狭窄的、由高速电子组成的电子束，打在涂有荧光物质的屏面上，从而产生细小的光点（这是传统的模拟示波器的工作原理）。在被测信号的作用下，电子束就好像一支笔的笔尖，可以在屏面上描绘出被测信号的瞬时值的变化曲线。人们可以利用示波器观察各种信号幅度随时间变化的波形曲线，还可以测试各种电路参数，如电压、电流、频率、相位差、调幅度等。

（一）示波器的基本构成

示波器是一种用于测量交流电或脉冲电流波的形状的仪器，由电子管放大器、扫描振荡器、阴极射线管等组成。除可以观测电流的波形外，还可以测定频率、电压强度等。凡可以变为电效应的周期性物理过程都可以用示波器观测。

1. 显示电路

显示电路包括示波管及其控制电路。示波管是一种特殊的电子管，是示波器的重要组成部分。示波管由电子枪、偏转系统和荧光屏组成。

（1）电子枪。

电子枪用于产生并形成高速、聚束的电子流，去轰击荧光屏使之发光。电子枪主要由灯丝 F、阴极 K、控制极 G、第一阳极 A_1、第二阳极 A_2 组成。除灯丝外，其余电极的结构都为金属圆筒，且它们的轴心都保持在同一轴线上。阴极被加热后，可沿轴向发射电子；控制极相对阴极来说是负电位，改变电位可以改变通过控制极小孔的电子数目，也就是控制荧光屏上光点的亮度。为了提高屏上光点的亮度，又不降低电子束偏转的灵敏度，现代示波管的偏转系统和荧光屏之间加上了后加速电极 A_3。

第一阳极对阴极而言加有约几百伏的正电压，第二阳极上加有一个比第一阳极更高的正电压。穿过控制极小孔的电子束，在第一阳极和第二阳极高电位的作用下得到加速，向荧光屏方向高速运动。由于电荷同性相斥，电子束会逐渐散开。第一阳极、第二阳极之间电场的聚焦作用使电子重新聚集起来并汇于一点。适当控制第一阳极和第二阳极之间的电位差，便可使焦点刚好落在荧光屏上，呈现一个光亮的小圆点。

改变第一阳极和第二阳极之间的电位差，可起调节光点聚焦的作用，这就是示波器的“聚焦”和“辅助聚焦”调节的原理。第三阳极是在示波管锥体内部涂上一层石墨形成的，通常加有很高的电压，它的三个作用如下：

①使穿过偏转系统的电子进一步加速，有足够的能量去轰击荧光屏，进而获得足够的亮度。

笔记栏

②石墨层涂在整个锥体上，能起到屏蔽作用。

③电子束轰击荧光屏会产生二次电子，处于高电位的 A_3 可吸收这些电子。

(2) 偏转系统。

示波管的偏转系统多为静电偏转式，由两对相互垂直的平行金属板组成，即水平偏转板和垂直偏转板，分别控制电子束在水平方向和垂直方向的运动。当电子在偏转板之间运动时，如果偏转板上没有加电压，则偏转板之间无电场，离开第二阳极后进入偏转系统的电子将沿轴向运动，射向屏幕的中心。如果偏转板上有电压，则偏转板之间有电场，进入偏转系统的电子会在偏转电场的作用下射向荧光屏的指定位置。

如果两块偏转板互相平行，并且它们的电位差等于零，那么通过偏转板空间的、具有一定速度的电子束就会沿着原方向（设为轴线方向）运动，并打在荧光屏的坐标原点上。如果两块偏转板之间存在恒定的电位差，则偏转板间就会形成一个电场，这个电场与电子的运动方向垂直，于是电子就朝着电位比较高的偏转板偏转。这样，在两偏转板之间的空间，电子就沿着抛物线在这一点上做切线运动。最后，电子降落在荧光屏上的 A 点，这个 A 点距离荧光屏原点 (O) 有一段距离，这段距离称为偏转量，用 y 表示。偏转量 y 与偏转板上所加的电压 V_y 成正比。同理，在水平偏转板上加有直流电压时，也会发生类似情况，只是光点在水平方向偏转。

(3) 荧光屏。

荧光屏位于示波管的终端，它的作用是将偏转后的电子束显示出来，以便观察。示波器的荧光屏内壁涂有一层发光物质，因此荧光屏上受到高速电子冲击的位置就会显现荧光。此时光点的亮度取决于电子束的数目、密度和速度。改变控制极的电压，电子束中电子的数目将随之改变，光点亮度便会改变。使用示波器时，不宜让很亮的光点固定出现在荧光屏的某个位置，否则该位置的荧光物质将因长期受电子冲击而烧坏，从而失去发光能力。

涂有不同荧光物质的荧光屏，在受电子冲击时会显示不同的颜色并保持不同的余光时间。通常，一般信号波形用绿色光呈现，属中余辉示波管；非周期性及低频信号用橙黄色光呈现，属长余辉示波管；供照相用的示波器中，多采用发蓝色光的短余辉示波管。

2. Y 轴放大电路

由于示波管的偏转灵敏度甚低，例如常用的示波管 13SJ38J 型，其垂直偏转灵敏度为 0.86mm/V（约 12V 电压产生 1cm 偏转量），因此一般的被测信号电压都要先经过垂直放大电路放大，再加到示波管的垂直偏转板上，以得到垂直方向的适当大小的图形。

3. X 轴放大电路

由于示波管水平方向的偏转灵敏度也很低，因此接入示波管水平偏转板的电压（锯齿波电压或其他电压）也要先经过水平放大电路的放大，再加到示波管的水平偏转板上，以得到水平方向的适当大小的图形。

4. 扫描同步电路

扫描同步电路产生一个锯齿波电压，其频率在一定范围内连续可调。锯齿波电压的作用是使示波管阴极发出的电子束在荧光屏上形成周期性的、与时间成正比的水平位移，即形成时间基线。这样，才能把加在垂直方向的被测信号按时间变化的波形呈现在荧光屏上。

5. 电源供给电路

电源供给电路用于向垂直与水平放大电路、扫描与同步电路，以及示波管与控制电路供给所需的负高压、灯丝电压等。

根据示波器的工作原理可知，被测信号电压加到示波器的 Y 轴输入端，经垂直放大电路加

笔记栏

到示波管的垂直偏转板。示波管的水平偏转电压，虽然多数情况下都采用锯齿电压（观察波形时），但有时也采用其他的外加电压（测量频率、相位差等时），因此在水平放大电路输入端有一个水平信号选择开关，以便用户按照需要选用示波器内部的锯齿波电压，或外加在 X 轴输入端上的其他电压作水平偏转电压。

（二）示波器的分类

示波器可以分为模拟示波器和数字示波器，这两种示波器适合大多数的电子应用。

1. 模拟示波器

模拟示波器的工作方式是直接测量信号电压，并且利用从左到右穿过示波器屏幕的电子束在垂直方向描绘电压。

2. 数字示波器

数字示波器的工作方式是通过模拟转换器（ADC）把被测电压转换为数字信息。数字示波器捕获的是波形的一系列样值，并对样值进行存储，存储限度是累计的样值能描绘出波形为止，随后数字示波器重构波形。数字示波器可以分为数字存储示波器（DSO）、数字荧光示波器（DPO）和采样示波器。

要提高模拟示波器的带宽，需要将示波管、垂直放大电路和水平扫描电路全面升级。要改善数字示波器的带宽，只需要提高前端的 A/D 转换器的性能即可，对示波管和扫描电路没有特殊要求。

（三）示波器的使用方法

示波器虽然类别、型号繁多，但是一般的示波器除频带宽度、输入灵敏度等有区别外，使用方法基本相同。下面以 SR－8 型双踪电子示波器为例介绍。

SR－8 型双踪电子示波器的面板如图 4－14 所示，按位置和功能可分为三个部分：显示、垂直（Y 轴）、水平（X 轴），下面分别介绍这三部分控制装置的作用。

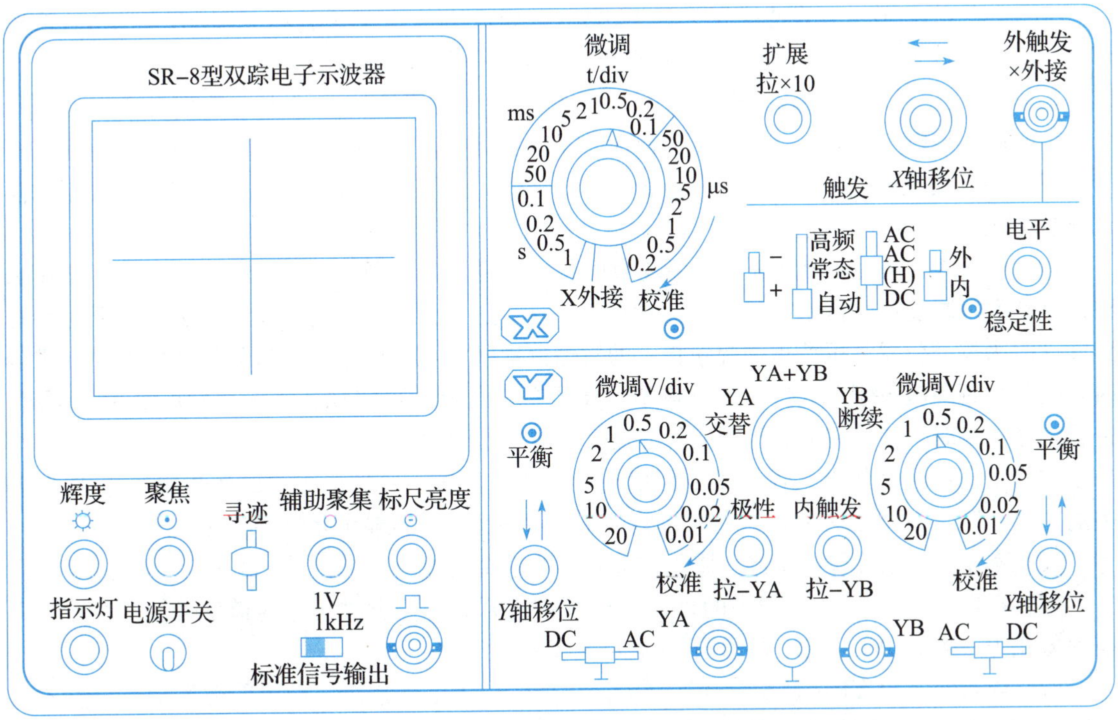

图 4－14　SR－8 型双踪电子示波器的面板

笔记栏

1. 显示部分主要控制件

(1) 电源开关。

(2) 电源指示灯。

(3) 辉度：调整光点亮度。

(4) 聚焦：调整光点或波形清晰度。

(5) 辅助聚焦：配合“聚焦”旋钮调节清晰度。

(6) 标尺亮度：调节坐标片上的刻度线的亮度。

(7) 寻迹键：向下按时，使偏离荧光屏的光点回到显示区域，从而寻到光点位置。

(8) 标准信号输出：1kHz、1V 方波校准信号由此引出。加到 Y 轴输入端，用于校准 Y 轴输入灵敏度和 X 轴扫描速度。

2. Y 轴插件部分

(1) 位于该区域中部偏上的显示方式选择开关，用于转换两个 Y 轴前置放大器 YA 与 YB 的工作状态。

① 交替：显示方式选择开关置于“交替”时，电子开关受扫描信号控制，每次扫描都会轮流接通 YA 或 YB 信号。被测信号的频率越高，扫描信号的频率越高，电子开关的转换速率越快，不会有闪烁现象。这种工作状态适合观察两个工作频率较高的信号。

② 断续：显示方式选择开关置于“断续”时，电子开关不受扫描信号控制，产生频率固定为 200kHz 的方波信号，使电子开关快速交替接通 YA 和 YB。由于开关动作频率高于被测信号频率，因此屏幕上显示的两个通道信号波形是断续的。当被测信号频率较高时，断续现象十分明显，甚至无法观测；当被测信号频率较低时，断续现象被掩盖。这种工作状态适合观察两个工作频率较低的信号。

③ YA、YB：显示方式选择开关置于“YA”或者“YB”时，示波器处于单通道工作模式，相当于单踪示波器，即只能单独显示“YA”或“YB”通道的信号波形。

④ YA+YB：显示方式选择开关置于“YA+YB”时，电子开关不工作，YA 与 YB 两路信号均会通过放大器和门电路，示波器将显示两路信号叠加的波形。

(2) DC—⊥—AC：轴输入选择开关。用于选择被测信号接至输入端的耦合方式。置于“DC”位置可实现直接耦合，能输入含有直流分量的交流信号；置于“AC”位置可实现交流耦合，只能输入交流分量；置于“⊥”位置时，Y 轴输入端接地，这时显示的时基线一般用作测试直流电压零电平的参考基准线。

(3) 微调 V/div：灵敏度选择开关及微调装置。灵敏度选择开关为套轴结构，黑色旋钮为 Y 轴灵敏度粗调装置，自 10mV/div～20V/div，分为 11 挡。红色旋钮为细调装置，顺时针转到满度时为校准位置，可按粗调旋钮指示的数值读取被测信号的幅度。该旋钮逆时针转到满度时，其变化范围应大于 2.5 倍，连续调节“微调”电位器，可实现各挡级之间的灵敏度覆盖。进行定量测量时，该旋钮应置于顺时针满度“校准”位置。

(4) 平衡：当 Y 轴放大器输入电路出现不平衡时，显示的光点或波形就会随“V/div”开关的“微调”旋转而出现 Y 轴方向的位移，调节“平衡”电位器可将这种位移减至最小。

(5) ↑↓：Y 轴位移电位器。用于调节波形的垂直位置。

(6) 极性、拉 YA：YA 通道的极性转换按拉式开关。拉出时 YA 通道信号倒相显示，即显示方式为 (YA+YB) 时，显示图像为 YB−YA。

(7) 内触发、拉 YB：触发源选择开关。在按的位置上（常态）扫描的触发信号分别取自 YA 及 YB 通道的输入信号，适用于单踪或双踪显示，但不能对双踪波形进行时间比较。把开关拉出时，扫描的触发信号只取自 YB 通道的输入信号，适用于双踪显示时对比两个波形的时间和相位差。

(8) Y 轴输入插座采用 BNC 型插座，被测信号由此直接输入或经探头输入。

3. X 轴插件部分

(1) t/div：扫描速度选择开关及微调旋钮。X 轴的光点移动速度由其决定，从 0.2μs～1s 共分 21 挡。当该开关“微调”电位器顺时针方向旋转到底并接上开关后，即为“校准”位置，此时“t/div”的指示值即为扫描速度的实际值。

(2) 扩展、拉×10：扫描速度扩展装置。按拉式开关，按的位置为正常状态，拉的位置扫描速度增加 10 倍，此时“t/div”的指示值也应相应计取。“扩展、拉×10”适用于观察波形细节。

(3) →←：X 轴位置调节旋钮。系 X 轴光迹的水平位置调节电位器，为套轴结构。外圈旋钮为粗调装置，顺时针方向旋转时基线右移，逆时针方向旋转时基线左移。置于套轴上的小旋钮为细调装置，适用于调节扩展后的信号。

(4)“外触发、X 外接”插座采用 BNC 型插座。使用外触发时，作为连接外触发信号的插座，也可作为 X 轴放大器外接时的信号输入插座。其输入阻抗约为 1MΩ。外接使用时，输入信号的峰值应小于 12V。

(5)“电平”旋钮：触发电平调节电位器旋钮，用于选择输入信号波形的触发点。具体地说，就是调节开始扫描的时间，决定扫描在触发信号波形的哪一点上被触发。顺时针方向旋动时，触发点趋向信号波形的正向部分；逆时针方向旋动时，触发点趋向信号波形的负向部分。

(6)“稳定性”微调旋钮。用于改变扫描电路的工作状态，一般应处于待触发状态。调整方法是将 Y 轴输入耦合方式选择开关（AC—⊥—DC）置于⊥挡，将 V/div 开关置于最高灵敏度挡，在“电平”旋钮调离自激状态的情况下，用螺钉旋具将稳定度电位器顺时针旋到底，则扫描电路产生自激扫描，此时屏幕上出现扫描线，然后逆时针方向慢慢旋动，使扫描线刚好消失。此时扫描电路即处于待触发状态。在这种状态下，用示波器测量时，仅调节“电平”旋钮即可获得稳定的波形，并能随意调节波形的起始点位置。对于少数示波器，稳定度电位器逆时针旋到底时屏幕上出现扫描线，然后顺时针方向慢慢旋动，使扫描线刚好消失，此时扫描电路即处于待触发状态。

(7) 内、外：触发源选择开关。置于“内”位置时，触发信号取自 Y 轴通道的被测信号；置于“外”位置时，触发信号取自“外触发 X 外接”输入端引入的外触发信号。

(8) AC、AC（H）、DC：触发耦合方式开关。“AC”挡，是交流耦合状态，由于隔断了触发中的直流分量，因此触发性能不受直流分量影响。“AC（H）”挡，是低频抑制的交流耦合状态，在观察包含低频分量的高频复合波时，触发信号通过高通滤波器进行耦合，抑制了低频噪声和低频触发信号（2MHz 以下的低频分量），免除因误触发而造成的波形晃动。“DC”挡，是直流耦合状态，适合变化缓慢或频率甚低（如低于 100Hz）的触发信号。

(9) 高频、常态、自动：触发方式开关。用于选择不同的触发方式，以适应不同的被测信号与测试目的。频率甚高（如高于 5MHz）且无足够的幅度使触发稳定时，选“高频”挡。此时扫描处于高频触发状态，由示波器自身产生的高频信号（200kHz 信号）对被测信号进行同步。不必经常调节“电平”旋钮，屏幕上即能显示稳定的波形，操作方便，有利于观察高频信号波形。“常态”挡，采用来自 Y 轴或外接触发源的输入信号进行触发扫描，是常用的触发扫描方式。“自动”挡，扫描处于自动状态（与高频触发方式相仿），不必调节“电平”旋钮也能观察到稳定的波形，操作方便，有利于观察较低频率的信号。

笔记栏

（10）＋、－：触发极性开关。在“＋”位置时选用触发信号的上升部分对扫描电路进行触发，在“－”位置时选用触发信号的下降部分对扫描电路进行触发。

（四）使用前的检查

示波器初次使用前或久藏复用时，应进行简单检查，确保其能正常工作，同时进行扫描电路稳定度、垂直放大电路直流平衡的调整。对示波器进行电压和时间的定量测试时，还必须进行垂直放大电路增益和水平扫描速度的校准。示波器型号不同，检查和校准的方法会略有差异。

（五）使用步骤

示波器能显示各种不同电信号幅度随时间变化的波形。下面介绍使用示波器观察电信号波形的步骤。

1. 选择 Y 轴耦合方式

根据被测信号频率的高低，将 Y 轴输入耦合方式选择开关“AC—⊥—DC”置于 AC 或 DC。

2. 选择 Y 轴灵敏度

根据被测信号的峰—峰值（如果采用衰减探头，应除以衰减倍数；耦合方式取 DC 挡时，还要考虑叠加的直流电压值），将 Y 轴灵敏度选择开关“V/div”置于适当挡。实际使用时，如不需读测电压值，则可适当调节 Y 轴灵敏度微调旋钮，使屏幕上显示测试所需高度的波形。

3. 选择触发（或同步）信号来源与极性

通常将触发（或同步）信号极性开关置于“＋”或“－”挡。

4. 选择扫描速度

根据被测信号周期（或频率）的大约值，将 X 轴扫描速度 t/div（或扫描范围）开关置于适当挡。实际使用时，如不需读测时间值，则可适当调节扫描速度 t/div 微调（或扫描微调）旋钮，使屏幕上显示测试所需周期数的波形。如果需要观察信号的边沿部分，则扫描速度 t/div 开关应置于最快扫速挡。

5. 输入被测信号

被测信号由探头衰减后（或由同轴电缆不衰减直接输入，但此时的输入阻抗降低、输入电容增大），通过 Y 轴输入端输入示波器。

三、单一参数的正弦交流电路

用来表示电路元件基本性质的物理量称为电路参数，电阻、电感、电容是交流电路的三种基本参数。仅具有一种电路参数的电路称为单一参数电路。

直流电流的大小与方向不随时间变化，交流电流的大小和方向则随时间不断变化。因此，在交流电路中出现的某些现象会与直流电路中的现象不相同。电容接入直流电路时，电容被充电，充电结束后，电路处在断路状态；但在交流电路中，由于电压是交变的，电容时而充电时而放电，因此电路中出现了交变电流，使电路处在导通状态。电感线圈在直流电路中相当于导线；在交流电路中，电流是交变的，所以线圈中有自感电动势产生。电阻在直流电路与交流电路中的作用相同，起限制电流的作用。

（一）纯电阻电路

日常生活中使用的电烙铁、电炉、白炽灯等都可以看作纯电阻性负载。

笔记栏

1. 电压与电流的关系

在正弦交流电路中，电阻元件的电压和电流都随时间变化，但在任一瞬间，线性电阻元件的电压、电流关系仍然遵循欧姆定律。将电阻 R 接入图 4－15（a）所示的交流电路中，设交流电压为 $u_R = U_{Rm}\sin(\omega t + \varphi_u)$，电阻元件的电压与电流为关联参考方向，则电阻 R 中电流的瞬时值为

$$i_R = \frac{u}{R} = \frac{U_{Rm}}{R}\sin(\omega t + \varphi_u) = I_{Rm}(\omega t + \varphi_i)$$

这表明，在正弦电压作用下，电阻中通过的电流是一个相同频率的正弦电流，而且与电阻两端的电压同相位。如图 4－15（b）、（c）所示为电阻元件的电压和电流的波形图及相量图。

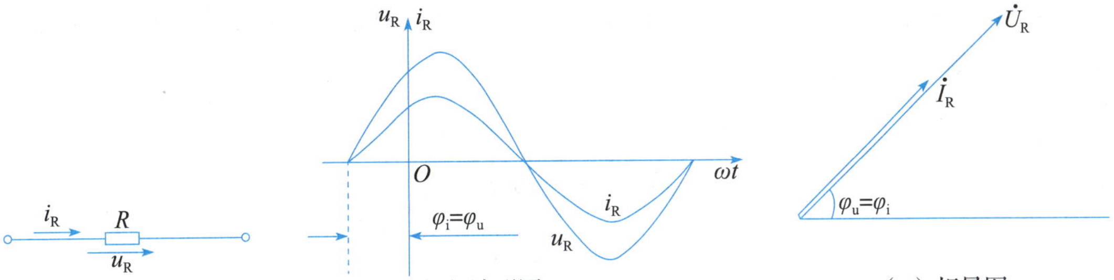

（a）接入电阻　　（b）波形图　　（c）相量图

图 4－15　电阻元件的电压与电流关系

（1）数值方面。

电压和电流的幅值关系为

$$I_{Rm} = \frac{U_{Rm}}{R}$$

电压和电流的有效值关系为

$$I_R = \frac{U_{Rm}}{\sqrt{2}R} = \frac{U_R}{R}$$

微课：纯电阻正弦交流电路

（2）相位方面。

电压、电流的相位间关系为

$$\varphi_u = \varphi_i$$

（3）相量形式。

电流的相量为

$$\dot{I}_R = I_R\angle\varphi_i = \frac{U_R}{R}\angle\varphi_u = \frac{\dot{U}_R}{R}$$

2. 电阻电路的功率

（1）瞬时功率。

任一瞬间，电阻上的电压和电流的瞬时值的乘积，称为瞬时功率，用小写字母 p 表示，即

$$\begin{aligned} p &= u_R i_R = U_{Rm}\sin(\omega t + \varphi_u)\cdot I_{Rm}\sin(\omega t + \varphi_i) \\ &= U_{Rm}I_{Rm}\sin^2(\omega t + \varphi_u) \\ &= U_R I_R[1 - \cos 2(\omega t + \varphi)] \end{aligned}$$

笔记栏

（2）平均功率（有功功率）。

瞬时功率是随时间变化的，为便于计算，常用平均功率来计算交流电路中的功率。

$$P_R=\frac{1}{T}\int_0^T p\,dt=\frac{1}{T}\int_0^T U_R I_R\sin^2\omega t\,dt=\frac{U_{Rm}I_{Rm}}{2}$$

或

$$P_R=\frac{U_{Rm}I_{Rm}}{2}=U_R I_R=I_R^2 R$$

（二）纯电感电路

一个线圈，当它的电阻小到可以忽略不计时，就可以看作纯电感。纯电感电路如图 4-16（a）所示，L 为线圈的电感。

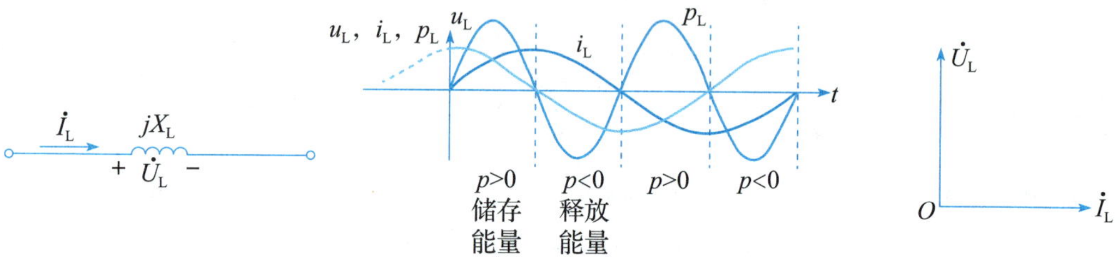

（a）接入电感　（b）波形图　（c）相量图

图 4-16　电感元件的电压与电流关系

1. 电压与电流的关系

设线圈中流过的电流为 $i_L=I_{Lm}\sin(\omega t+\varphi_i)$，选择 u_L 和 i_L 为关联的参考方向，其伏安特性为 $u_L=L\,di_L/dt$，则电压瞬时值为

$$\begin{aligned}u_L&=L\frac{di_L}{dt}\\&=\sqrt{2}\omega L I_L\cos(\omega t+\varphi_i)\\&=\sqrt{2}\omega L I_L\sin\left(\omega t+\varphi_i+\frac{\pi}{2}\right)\\&=\sqrt{2}U_L\sin(\omega t+\varphi_u)\end{aligned}$$

微课：纯电感正弦交流电路

（1）数值方面。

电压和电流的幅值关系为

$$U_{Lm}=\omega L I_{Lm}$$

电压和电流的有效值关系为

$$U_L=\omega L I_L$$
$$X_L=\omega L=2\pi f L$$

（2）相位方面。

电压、电流的相位间关系为

$$\varphi_u=\varphi_i+\frac{\pi}{2}$$

由上式可知，电压超前电流 90°，或电流滞后电压 90°。电压和电流的波形图与相量图分别如图 4－16（b）、（c）所示。

（3）相量形式。

电压的相量为

$$\dot{U}_L = U_L\angle\varphi_u = X_L I_L\angle\left(\varphi_i+\frac{\pi}{2}\right) = jX_L I_L\angle\varphi_i$$

$$\dot{U}_L = j\omega L\dot{I}_L = jX_L\dot{I}_L$$

电感元件的电压、电流相量之间符合欧姆定律。

2. 电感电路的功率

（1）纯电感电路的瞬时功率。

$$\begin{aligned} p &= u_L i_L = U_{Lm}\sin(\omega t+\varphi_u)\cdot I_{Lm}\sin(\omega t+\varphi_i) \\ &= U_{Lm}I_{Lm}\sin\left(\omega t+\varphi_i+\frac{\pi}{2}\right)\cos(\omega t+\varphi_i) \\ &= \frac{1}{2}U_{Lm}I_{Lm}\sin2(\omega t+\varphi_i) \\ &= U_L I_L\sin2(\omega t+\varphi_i) \end{aligned}$$

（2）平均功率（有功功率）。

瞬时功率表明，在电流的一个周期内，电感与电源进行两次能量交换，交换功率的平均值为零，即纯电感电路的平均功率为零。

$$P=\frac{1}{T}\int_0^T p\,\mathrm{d}t=0$$

（3）无功功率。

纯电感线圈和电源之间进行能量交换的最大速率，称为纯电感电路的无功功率。用 Q 表示，无功功率的单位是乏（var）。

$$Q_L = U_L I_L = I_L^2 X_L$$

（三）纯电容电路

如图 4－17（a）所示为纯电容的交流电路。设电容器 C 两端加上电压 $u_C = U_{Cm}\sin(\omega t+\varphi_u)$。电压的大小和方向随时间变化，电容器极板上的电荷量也随之变化，电容器的充、放电过程将不断地进行，便形成纯电容电路中的电流。

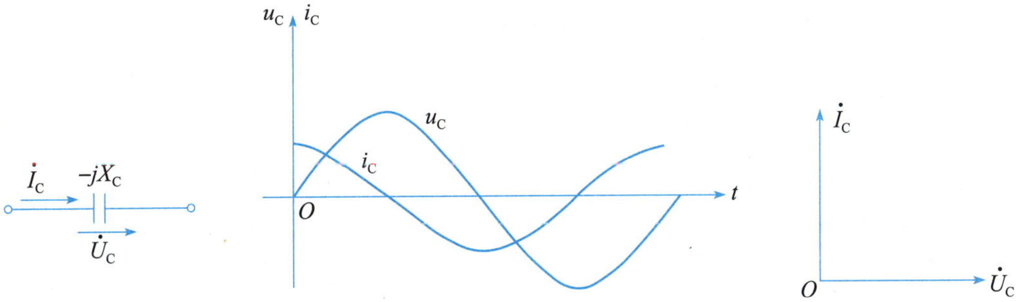

（a）接入电容　　（b）波形图　　（c）相量图

图 4－17　电容元件的电压与电流关系

笔记栏

微课：纯电容
正弦交流电路

1. 电压与电流的关系

$$\begin{aligned} i_C &= C\frac{\mathrm{d}u_C}{\mathrm{d}t} \\ &= \sqrt{2}CU_C\cos(\omega t+\varphi_u) \\ &= \sqrt{2}\omega CU_C\sin\left(\omega t+\varphi_u+\frac{\pi}{2}\right) \\ &= \sqrt{2}I_C\sin(\omega t+\varphi_i) \end{aligned}$$

（1）数值方面。

电压和电流的幅值关系为

$$I_{Cm}=\omega CU_{Cm}$$

电压和电流的有效值关系为

$$I_C=\omega CU_C$$

$$X_C=\frac{1}{\omega C}=\frac{1}{2\pi fC}$$

（2）相位方面。

电压、电流的相位间关系为

$$\varphi_i=\varphi_u+\frac{\pi}{2}$$

由上式可知，电流超前电压 90°，或电压滞后电流 90°。电压和电流的波形图与相量图分别如图 4-17（b）、（c）所示。

（3）相量形式。

电压的相量为

$$\dot{I}_C=I_C\angle\varphi_i=\frac{U_C}{X_C}\angle\left(\varphi_u+\frac{\pi}{2}\right)=\frac{U_C}{-jX_C}\angle\varphi_u$$

$$\dot{I}_C=j\omega C\dot{U}_C=\frac{\dot{U}_C}{-jX_C}$$

2. 电容电路的功率

（1）瞬时功率。

$$\begin{aligned} p &= u_Ci_C=U_{Cm}\sin(\omega t+\varphi_u)\cdot I_{Cm}\sin(\omega t+\varphi_i) \\ &= U_{Cm}I_{Cm}\sin(\omega t+\varphi_u)\sin\left(\omega t+\varphi_u+\frac{\pi}{2}\right) \\ &= \frac{1}{2}U_{Cm}I_{Cm}\sin 2(\omega t+\varphi_u) \\ &= U_CI_C\sin 2(\omega t+\varphi_u) \end{aligned}$$

（2）平均功率。

$$P=\frac{1}{T}\int_0^T p\,\mathrm{d}t=0$$

笔记栏

电容元件的平均功率为零，说明电容元件是储能元件，不消耗电能，仅与电源进行能量交换。

（3）无功功率。

电容元件瞬时功率的最大值称为无功功率，表示电源能量与电场能量交换的最大速率，用 Q 表示。

$$Q_C=U_CI_C=I_C^2X_C=\frac{U_C^2}{X_C}=\omega CU_C^2$$

微课：RLC 串联电路

四、RLC 串、并联电路

（一）RLC 串联电路

1. 复阻抗

端口电压的相量与端口电流的相量的比值称为这两个端口网络的复阻抗，即

$$Z=\frac{\dot{U}}{\dot{I}}$$

将电阻、电感、电容元件的电压和电流分别代入上式，可得

$$Z=R \quad Z=j\omega L \quad Z=\frac{1}{j\omega C}$$

引入复阻抗概念的意义：对于一个元件或一个二端网络，知道了它的复阻抗，其电压和电流的关系就明确了，而复阻抗只取决于元件的参数和交流电的频率，与电压和电流无关。

Z 和 φ 分别为复阻抗的模和幅角。电路的 $|Z|$、R、$X=X_L-X_C$ 可以组成一个三角形，称为阻抗三角形，如图 4-18 所示。

复阻抗 Z 综合反映了电压与电流的大小及相位关系。电抗 X 值的正负体现了电路中电感与电容所起作用的大小，关系到电路的性质。

2. 阻抗法分析 RLC 串联电路

如图 4-19（a）所示为 RLC 串联电路，其相量模型如图 4-19（b）所示。

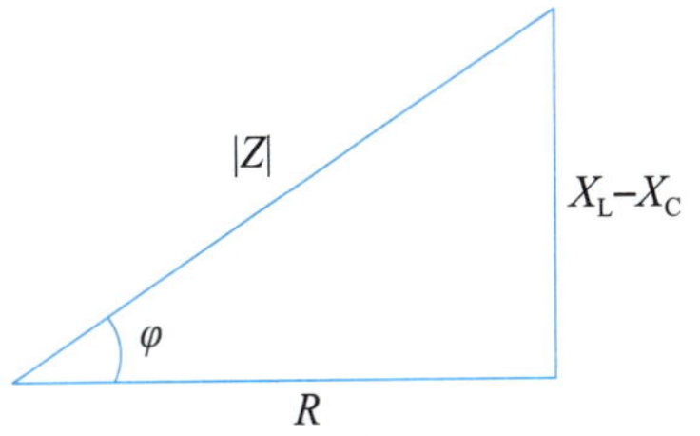

图 4-18 阻抗三角形

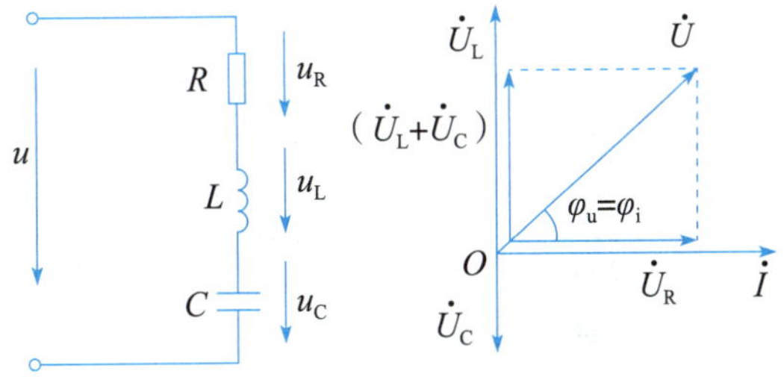

（a）RLC串联电路 （b）相量模型

图 4-19 RLC 串联电路

根据基尔霍夫电压定律，可得

$$u=u_R+u_L+u_C$$

其相量形式为

$$\dot{U}=\dot{U}_R+\dot{U}_L+\dot{U}_C$$

将各元件电压与电流的相量关系代入上式，可得

$$\begin{aligned}\dot{U}&=R\dot{I}+jX_L\dot{I}-jX_C\dot{I}\\&=[R+j(X_L-X_C)]\dot{I}\\&=(R+jX)\dot{I}\\&=Z\dot{I}\end{aligned}$$

（二）RLC 并联电路

1. 复导纳

复导纳为端口电流相量与电压相量之比，用 Y 表示，单位为 S（西门子）。

$$Y=\frac{\dot{I}}{\dot{U}}=G+jB$$

由上式不难看出

$$|Y|=\frac{1}{U}=\sqrt{G^2+B^2}=\sqrt{G^2+(B_C-B_L)^2}$$

$$\varphi=\varphi_i-\varphi_u=\arctan\frac{B}{G}=\arctan\frac{B_C-B_L}{G}$$

所以

$$Y=\frac{\dot{I}}{\dot{U}}=\frac{I\angle\varphi_i}{U\angle\varphi_u}=\frac{I}{U}(\varphi_i-\varphi_u)=|Y|\angle\varphi$$

$|Y|$ 和 φ 分别为复导纳的模和幅角，$|Y|$ 又称为导纳，幅角又称为导纳角。电路中的 $|Y|$、G、$B=B_C-B_L$ 可以组成一个三角形，称为导纳三角形，如图 4-20 所示。

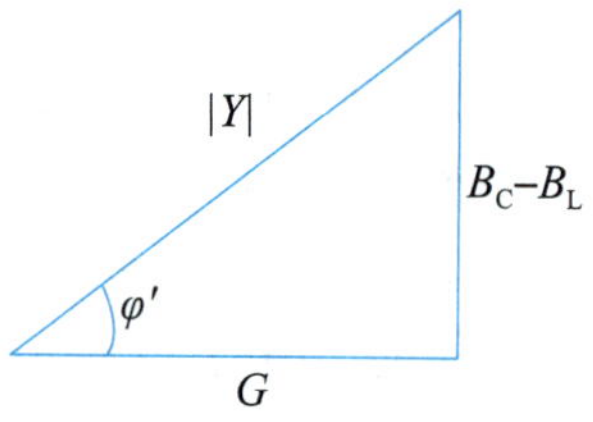

图 4-20　导纳三角形

2. 导纳法分析 RLC 并联电路

RLC 元件对应的导纳分别为

$$Y_R=\frac{1}{R}=G$$

$$Y_L=\frac{1}{j\omega L}=-j\,\frac{1}{\omega L}=-jB_L$$

$$Y_C=j\omega C=jB_C$$

如图 4-21（a）所示为 RLC 并联电路，其相量模型如图 4-21（b）所示。根据基尔霍夫电流定律，可得

$$i=i_R+i_L+i_C$$

其相量形式为

$$\dot{I}=\dot{I}_R+\dot{I}_L+\dot{I}_C$$

笔记栏

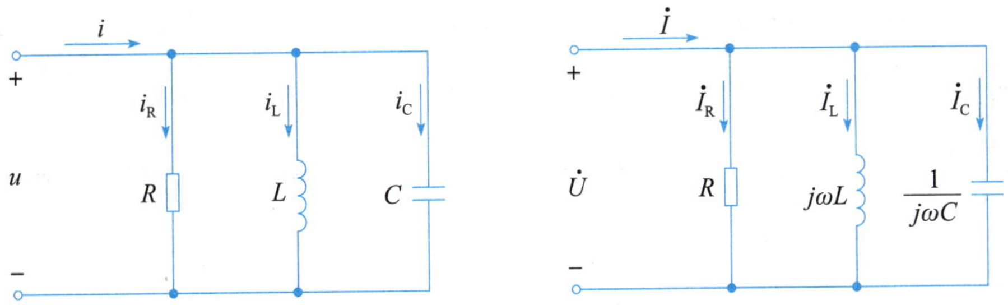

（a）RLC并联电路　　（b）相量模型

图 4-21　RLC 并联电路

动画：日光灯电路中元件的测量与分析

设端口电压相量为 $\dot{U}=U\angle\varphi_{u}$，则各元件电流相量分别为

$$\dot{I}_{R}=\frac{\dot{U}}{R}=G\dot{U}\quad \dot{I}_{L}=\frac{\dot{U}}{jX_{L}}=-jB_{L}\dot{U}\quad \dot{I}_{C}=\frac{\dot{U}}{-jX_{C}}=jB_{C}\dot{U}$$

由基尔霍夫定律可知电流相量为

$$\dot{I}=\dot{I}_{R}+\dot{I}_{L}+\dot{I}_{C}=G\dot{U}+(-jB_{L}\dot{U})+jB_{C}\dot{U}=[G+j(B_{L}-B_{C})]\dot{U}=(G+jB)\dot{U}$$

（三）正弦交流电路中的功率

1. 瞬时功率

任一瞬间，元件上的电压和电流的瞬时值的乘积，称为瞬时功率，用小写字母 p 表示。

电阻元件的瞬时功率为

$$\begin{aligned}p&=u_{R}i_{R}=U_{Rm}\sin(\omega t+\varphi_{u})\cdot I_{Rm}\sin(\omega t+\varphi_{i})\\&=U_{Rm}I_{Rm}\sin^{2}(\omega t+\varphi_{u})\\&=U_{R}I_{R}[1-\cos2(\omega t+\varphi)]\end{aligned}$$

$p>0$，表明电阻任一时刻都在向电源取用功率，起负载作用。瞬时功率的单位是瓦特（W）。

纯电感电路的瞬时功率为

$$\begin{aligned}p&=u_{L}i_{L}=U_{Lm}\sin(\omega t+\varphi_{u})\cdot I_{Lm}\sin(\omega t+\varphi_{i})\\&=U_{Lm}I_{Lm}\sin\left(\omega t+\varphi_{i}+\frac{\pi}{2}\right)\cos(\omega t+\varphi_{i})\\&=\frac{1}{2}U_{Lm}I_{Lm}\sin2(\omega t+\varphi_{i})\\&=U_{L}I_{L}\sin2(\omega t+\varphi_{i})\end{aligned}$$

这表明，在电流的一个周期内，电感与电源进行两次能量交换，交换功率的平均值为零，即纯电感电路的平均功率为零。

纯电容电路的瞬时功率为

$$\begin{aligned}p&=u_{C}i_{C}=U_{Cm}\sin(\omega t+\varphi_{u})\cdot I_{Cm}\sin(\omega t+\varphi_{i})\\&=U_{Cm}I_{Cm}\sin(\omega t+\varphi_{u})\sin\left(\omega t+\varphi_{u}+\frac{\pi}{2}\right)\\&=\frac{1}{2}U_{Cm}I_{Cm}\sin2(\omega t+\varphi_{u})\\&=U_{C}I_{C}\sin2(\omega t+\varphi_{u})\end{aligned}$$

笔记栏

这表明，纯电容电路瞬时功率波形与电感电路的相似，以电路频率的 2 倍按正弦规律变化。电容是储能元件，充电时从电源吸收能量；放电时则将能量送回电源。

动画：日光灯电路的装接测量与功率因数分析

2. 有功功率（平均功率）

由于瞬时功率是随时间变化的，为便于计算，常用平均功率来计算交流电路的功率，为

$$P_R=\frac{1}{T}\int_0^T p\,dt=\frac{1}{T}\int_0^T U_R I_R\sin^2\omega t\,dt=\frac{U_{Rm}I_{Rm}}{2}$$

$$P_R=\frac{U_{Rm}I_{Rm}}{2}=U_R I_R=I_R^2 R$$

3. 无功功率

电感元件和电源之间进行能量交换的最大速率，称为纯电感电路的无功功率，用 Q 表示。无功功率的单位是乏（var）。

$$Q_L=U_L I_L=I_L^2 X_L$$

电源能量与电场能量交换的最大速率，称为电容电路的无功功率，即电容元件瞬时功率的最大值，用 Q 表示。

$$Q_C=U_C I_C=I_C^2 X_C=\frac{U_C^2}{X_C}=\omega C U_C^2$$

4. 视在功率

变压器、电动机及一些电气设备的容量是由它们的额定电压和额定电流来决定的，因此，电路端电压的有效值与电流的有效值的乘积称为电路的视在功率，用 S 表示，单位为伏·安（V·A），即

$$S=UI$$

视在功率既不代表一般交流电路实际消耗的有功功率，也不代表交流电路的无功功率，它表示电源可能提供的或负载可能获得的最大功率。额定视在功率在设备铭牌上通常称为额定容量或容量。

在 RLC 串联电路中，既有耗能元件 R，又有储能元件 L、C，所以在电路中既有能量的消耗，又有能量的转换，或者说电路中既有有功功率，又有无功功率。

交流电路中的有功功率、无功功率和视在功率之间的关系为

$$P=UI\cos\varphi=S\cos\varphi$$

$$Q=UI\sin\varphi=S\sin\varphi$$

$$S=UI=\sqrt{P^2+Q^2}$$

其中，$\cos\varphi$ 为功率因数。P、Q、S 可组成一个直角三角形，称为功率三角形，如图 4－22 所示。

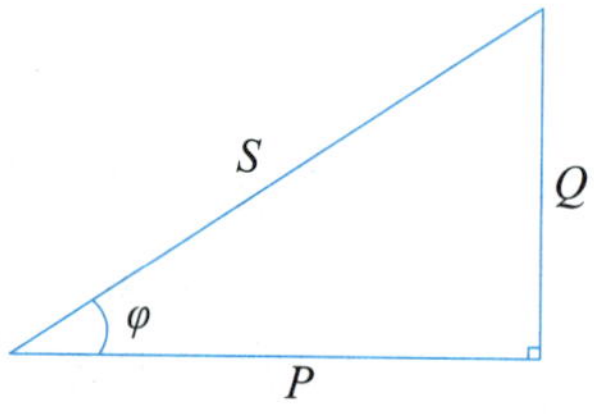

图 4－22　功率三角形

（四）功率因数的提高

1. 提高功率因数的意义

功率因数是用电设备的重要技术指标。电路的功率因数由负载中包含的电阻与电抗的相对大小决定。纯电阻负载的 $\cos\varphi=1$；纯电抗负载的 $\cos\varphi=0$；一般负载的 $\cos\varphi$ 为 0～1，而且多为感性负载。例如，常用的交流电动机便是一个感性负载，满载时功率因数为 0.7～0.9，而空载或轻载时功率因数较低。

笔记栏

供电设备输出的功率中，一部分为有功功率 $P=S\cos\varphi$，另一部分为无功功率 $Q=S\sin\varphi$。功率因数越高，电路的有功功率越大，电路中能量互换的规模也就越小，供电设备的能力就越能得到充分发挥，从而提高了供电设备的能量利用率。功率因数过低，会使供电设备的利用率降低，输电线路上的功率损失与电压损失增加。

2. 提高功率因数的方法

提高功率因数具有重要的经济意义。实际负载大多数是感性的，如大量使用的感应电动机、日光灯等。常用的提高功率因数的方法是在感性负载两端并联合适的电容。这种方法不会改变负载原有的工作状态，但负载的无功功率从电容支路得到了补偿，从而提高了功率因数。

五、导线的连接及电能表的使用

(一) 导线的连接

在电气线路、设备安装的过程中，当导线长度不够或要分接支路时，就需要进行导线与导线间的连接。常用导线的线芯有单股7芯和19芯等，连接方法随芯线的金属材料、股数不同而异。

1. 单股铜线的直线连接

(1) 将两线头的芯线进行X形相交，互相紧密缠绕2～3圈，如图4-23 (a) 所示。

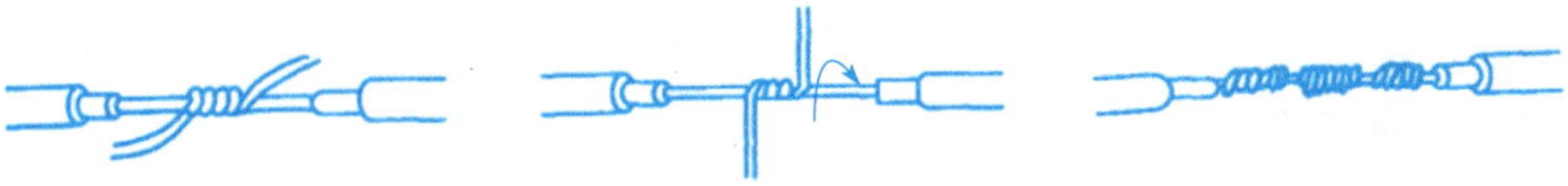

(a) X形相交并缠绕　(b) 扳直线头　(c) 缠绕并处理末端

图4-23　单股铜线的直线连接

(2) 将两线头扳直，如图4-23 (b) 所示。

(3) 将每个线头围绕芯线紧密缠绕6圈左右，并用钢丝钳剪去多余芯线，最后钳平末端，如图4-23 (c) 所示。

2. 单股铜线的T字形连接

(1) 如果导线直径较小，可按图4-24 (a) 所示方法先绕制成结状，再把支路芯线线头拉紧扳直，紧密缠绕6～8圈后，用钢丝钳剪去多余芯线，并钳平末端。

(a) 直径较小导线的连接　(b) 直径较大导线的连接

图4-24　单股铜线的T字形连接

(2) 如果导线直径较大，先将支路芯线的线头与干线芯线十字相交，使支路芯线根部留出3～5mm，然后缠绕支路芯线，缠绕6～8圈后，用钢丝钳剪去多余芯线，并钳平末端，如图4-24 (b) 所示。

3. 7芯铜线的直线连接

(1) 先将剥去绝缘层的芯线头散开并拉直，然后把靠近绝缘层约1/3段的芯线绞紧，再把

笔记栏

余下的 2/3 段的芯线分散成伞状，并将每根芯线拉直，如图 4－25（a）所示。

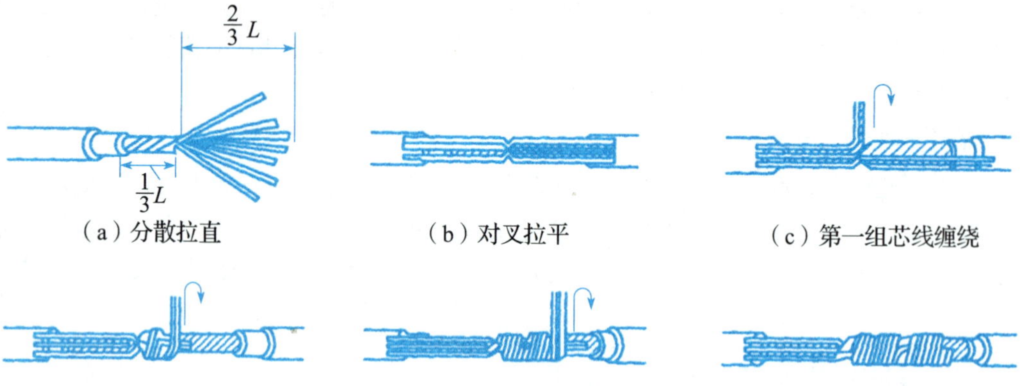

（a）分散拉直　（b）对叉拉平　（c）第一组芯线缠绕

（d）第二组芯线缠绕　（e）第三组芯线缠绕　（f）钳平

图 4－25　7 芯铜线的直线连接

（2）将两组伞状芯线隔根对叉，然后把两端芯线拉平，如图 4－25（b）所示。

（3）把一端的 7 股芯线按 2 根、2 根、3 根分成三组，把第一组 2 根芯线扳起，垂直于芯线紧密缠绕，如图 4－25（c）所示。

（4）缠绕两圈后，把余下的芯线向右拉直，再把第二组 2 根芯线扳直，与第一组芯线的方向一致，压着前 2 根扳直的芯线紧密缠绕，如图 4－25（d）所示。

（5）缠绕两圈后，也将余下的芯线向右拉直，把第三组 3 根芯线扳直，与前两组芯线的方向一致，压着前 4 根扳直的芯线紧密缠绕，如图 4－25（e）所示。

（6）缠绕三圈后，剪去每组多余的芯线，钳平末端，如图 4－25（f）所示。

（7）另一侧的制作方法与图 4－25 相同，只是芯线缠绕方向相反。

4. 7 芯铜线的 T 字形连接

（1）把分支芯线散开钳平，将靠近绝缘层约 1/8 段的芯线绞紧，再把余下的 7/8 段的芯线分成 4 根和 3 根两组，并排齐；然后用螺钉旋具把干线的芯线撬开，分为两组，把支线中 4 根芯线的一组插入干线两组芯线之间，把支线中另外 3 根芯线放在干线芯线的前面，如图 4－26（a）所示。

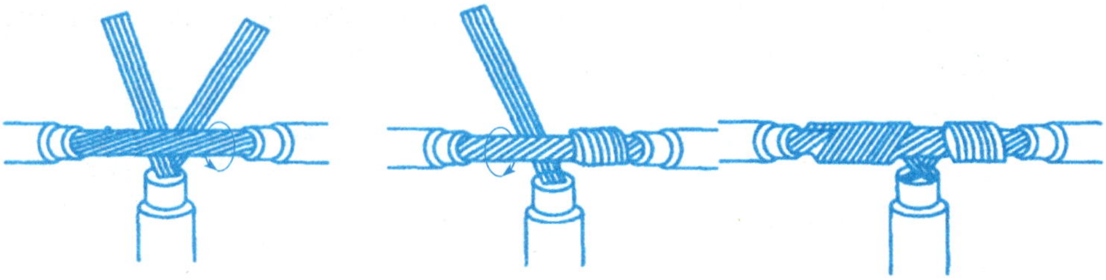

（a）分线　（b）缠绕　（c）钳平

图 4－26　7 芯铜线的 T 形连接

（2）将 3 根芯线这一组在干线右边紧密缠绕 3～4 圈，钳平末端；再把 4 根芯线这一组按相反方向在干线左边紧密缠绕，如图 4－26（b）所示。缠绕 4～5 圈后，钳平末端，如图 4－26（c）所示。

7 芯铜线的直线连接方法同样适用于 19 芯铜线，芯线太多时可剪去中间的几根芯线；连接后，需要在连接处进行钎焊处理，这样可以改善导电性能和增加其力学强度。19 芯铜线的 T

笔记栏

字形分支连接方法与7芯铜线基本相同，把支路导线的芯线分成10根和9根两组，将10根芯线那组插入干线中进行绕制。

5. 铜芯导线接头处的锡焊处理

（1）电烙铁锡焊。如果铜芯导线截面积不大于10mm²，它们的接头可用150W电烙铁进行锡焊。先在接头上涂一层无酸焊锡膏，待电烙铁加热后，再进行锡焊即可。

（2）浇焊。对于截面积大于16mm²的铜芯导线接头，常进行浇焊。首先将焊锡放在化锡锅内，用喷灯或电炉使其熔化，待表面呈磷黄色时，说明焊锡已经达到高热状态，然后将涂有无酸焊锡膏的导线接头放在锡锅上面，用勺盛上熔化的锡，从接头上面浇下来，如图4-27所示。因为起初接头较凉，锡在接头上的流动性不佳，所以应持续浇下去，使接头处温度升高，直到将全部缝隙焊满为止。最后用抹布擦去焊渣。

（二）电能表的使用

电能表是用于测量电能的仪表，又称电度表、火表、千瓦小时表。通常安装在家庭或单位的电路的干路上，用来测量用户在一定时间内消耗多少电能。单相电子式电能表的外观如图4-28所示。

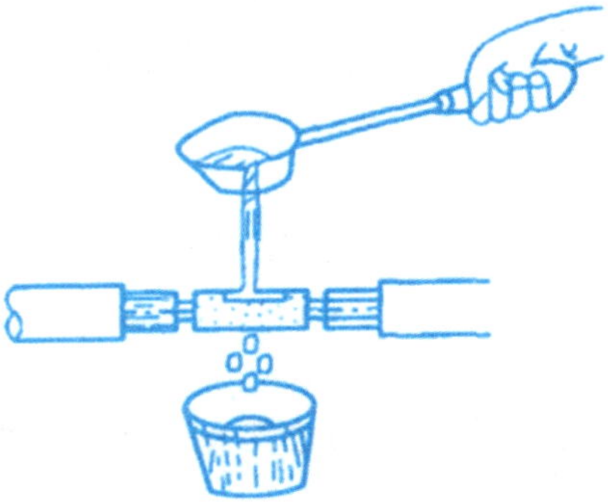

图4-27 铜芯导线接头的浇焊

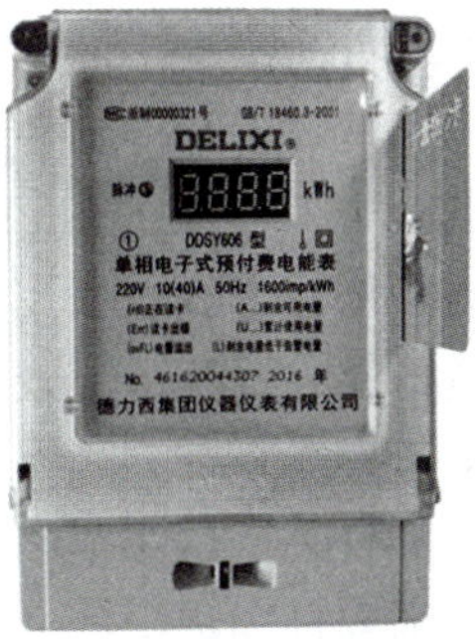

图4-28 单相电子式电能表的外观

1. 电能表的结构

电能表的基本结构主要包括测量机构和辅助部件。

测量机构是其核心部分，由驱动元件、转动元件、制动元件、轴承、计度器和调整装置组成。驱动元件由电压元件和电流元件组成，用于将交变的电压和电流转变为交变磁通，以切割转盘形成驱动力矩，使转盘转动。

2. 电能表的原理

电能表利用电压和电流线圈在铝盘上产生的涡流与交变磁通相互作用产生电磁力，使铝盘转动，同时引入制动力矩，使铝盘转速与负载功率成正比，再通过轴向齿轮传动，由计度器计算出转盘转数而测定电能。

3. 电能表的分类

（1）按原理划分。

①感应式电能表。

感应式电能表利用电磁感应原理，把电压、电流、相位转变为磁力矩，推动铝盘转动，铝盘的轴（蜗杆）带动齿轮来驱动计度器的鼓轮转动，转动的过程即是时间量累积的过程。感应式电能表的优点是直观、动态连续、停电不丢数据。

笔记栏

感应式电能表对工艺要求高，材料涉及广泛，有金属、塑料、宝石、玻璃、稀土等。因此，产品的相关材料标准都有明确的规定和要求，用低价的劣质材料代替标准规格的材料是影响电能表产品质量的主要问题之一。

②电子式电能表。

电子式电能表运用模拟或数字电路得到电压和电流向量的乘积，然后通过模拟或数字电路实现电能计量功能。

(2) 按测量电能的准确度等级划分。

按测量电能的准确度等级，一般分为 1 级表和 2 级表。1 级表示电能表的误差不超过 ±1%；2 级表示电能表的误差不超过 ±2%。

(3) 按附加功能划分。

按附加功能划分，有多费率电能表、预付费电能表、多用户电能表、多功能电能表、载波电能表等。这些功能是数字技术的产物，进一步满足了人们科学用电、合理用电的需求。

①多费率电能表。

多费率电能表又称分时电能表、复费率表，俗称峰谷表，是为适应峰谷分时电价设计的计量方式。它可按预定的峰、谷、平时段，分别计量高峰、低谷、平段的用电量，从而对不同时段的用电量采用不同的电价，发挥电价的调节作用，鼓励用电户调整用电负荷，移峰填谷，合理使用电力资源，充分挖掘发、供、用电设备的潜力。多费率电能表属于电子式或机电式电能表。

②预付费电能表。

预付费电能表俗称卡表。先用 IC 卡预购电，然后将 IC 卡插入表中，可按费用电，防止拖欠电费。预付费电能表属于电子式或机电式电能表。

③多用户电能表。

顾名思义，一只表可供多个用户使用，对每个用户独立计费，可达到节省资源，便于管理的目的，且便于远程自动集中抄表。多用户电能表属于电子式电能表。

④多功能电能表。

多功能电能表集多项功能于一身，属于电子式电能表。

⑤载波电能表。

载波电能表利用电力载波技术工作，便于远程自动集中抄表，属于电子式电能表。

4. 电能表的选用

根据规程要求，直接接入式的电能表，其标定电流应根据额定最大电流和过载倍数来确定，其中，额定最大电流应按经核准的客户报装负荷容量来确定。关于过载倍数，正常运行的电能表，实际负荷电流达到额定最大电流的 30%以上的，宜取 2 倍表；实际负荷电流低于 30%的，应取 4 倍表。

功率因数表是测量电路中的有功功率和视在功率之比的仪表。在交流电路中，电压与电流之间的相位差 (φ) 的余弦叫作功率因数，用符号 $\cos\varphi$ 表示，在数值上，功率因数是有功功率和视在功率的比值，即 $\cos\varphi = P/S$。功率因数是相关电气电路的重要性能参数，功率因数表的外观如图 4-29 所示。

图 4-29　功率因数表的外观

笔记栏

5. 功率因数表的安装

三相功率因数表的接线柱情况及接线方法：三个电压接线柱分别标有 U_A、U_B、U_C，两个电流接线柱均标有 1A，意思是功率因数表所取电流应与左边电压接线柱所接电压同相。并且与负荷电流同方向的电流互感器二次电流应从标有“*”号的接线柱流入，从另一个接线柱流出。

(1) 为保证安全，仪表接入前应确认辅助电源，且测量信号均应在仪表使用范围之内，否则可能损坏仪表。进行精确测量和校正时，需通电 20min 以上。

(2) 如仪表显示不正常，检查信号输入端是否拧紧以及输入信号是否正常。

(3) 除非电压互感器有足够的负载能力，否则尽量不用电压互感器作辅助电源，以保证仪表正常工作。确保电流互感器回路中的电流接线可靠，以免发生故障。

即测即评

一、填空题

1. 一个正弦量可以用一个对应的复数表示，正弦量的________作为复数的幅角，正弦量的________作为复数模，那么这个复数就是正弦量的相量。

2. 相量在复平面上的几何表示称为________。

3. 当 $X_L<X_C$，$\varphi<0$ 时，电流超前电压电路呈________。

4. ________表示电源容量的利用率，用 λ 表示。

5. 提高功率因数的方法是在感性负载两端________电容。

二、单选题

1. 我国规定交流电的工频是（　　）。

A. 40Hz　B. 50Hz　C. 60Hz　D. 45Hz

2. 各种材料的物体对通过它的电流都呈现一定的阻碍作用，这种阻碍电流的作用叫作（　　）。

A. 电流　B. 电压　C. 电阻　D. 电感

3. 无功功率的单位是（　　）。

A. 瓦特　B. 乏　C. 伏 · 安　D. 焦耳

4. 当 $X_L>X_C$，$\varphi>0$ 时，电压超前电流电路呈（　　）。

A. 感性　B. 阻性　C. 容性　D. 电性

5. 视在功率的单位是（　　）。

A. 瓦特　B. 乏　C. 伏 · 安　D. 焦耳

三、多选题

1. 正弦交流电量的三要素有（　　）。

A. 最大值　B. 频率　C. 初相　D. 相位差

2. 两个同频率正弦电量的相位关系有（　　）。

A. 超前　B. 滞后　C. 同相　D. 反相

3. 可以表示复数的方式有（　　）。

A. 代数式　B. 指数式　C. 三角式　D. 极坐标式

4. 电阻元件上的电压、电流关系有（　　）。

A. 频率相同　B. 相位相同

C. 有效值之间满足欧姆定律　D. 欧姆定律的相量形式

5. 电感元件上的电压、电流关系有（　　）。

A. 频率相同　B. u 超前 i 90°

C. 有效值之间满足欧姆定律　D. 满足一定相量关系

6. 电容元件上的电压、电流关系有（　　）。

A. 频率相同　B. i 超前 u 90°

C. 有效值之间满足欧姆定律　D. 满足一定相量关系

7. 提高功率因数的意义有（　　）。

A. 使发电设备的容量得到充分利用　B. 减小输电线路的能量损耗

C. 提高有功功率　D. 降低无功功率

8. 复阻抗 Z 可用（　　）两个要素表示。

A. 阻抗　　B. 阻抗角　　C. 阻抗模　　D. 以上都是

四、判断题

1. 大小和方向随时间周期性变化的电动势、电压或电流称为周期性交流电。（　　）

2. 大小和方向随时间按正弦函数规律变化的电动势、电压、电流叫作正弦交流电，简称正弦电量。（　　）

3. 将交流电流 i 和直流电流 I 分别通过阻值相同的电阻 R，如果在交流电流一个周期 T 的时间内，它们产生的热量相等，则该直流电流的数值 I 称为交流电流 i 的有效值。（　　）

4. 最大值是用来衡量正弦电量随时间变化快慢的物理量。（　　）

5. 相位差的绝对值不能大于 π。（　　）

6. 复数的加减运算方法是实部和虚部分别相加或相减。（　　）

7. 复数的乘除运算方法是模相乘、辐角相加。（　　）

8. 正弦电量可用相量表示，但正弦电量不等于相量（复数）。（　　）

9. 几个同频率正弦量不可以画在同一相量图上。（　　）

10. 电阻元件的瞬时功率随时间变化，且始终大于等于零。（　　）

11. 在工程上，常用有功功率表示电阻元件的实际耗能效果。（　　）

12. 感抗反映了电感元件对正弦交流电流的阻碍作用。（　　）

13. 直流下，频率 $f=0$，所以 $X_L=0$，电感 L 相当于短路。（　　）

14. 电感元件的瞬时功率随时间变化，上半周期大于零，下半周期小于零，说明电感元件上只有能量交换而不耗能，为储能元件。（　　）

15. 无功功率反映了电感元件与电源之间能量交换的规模。（　　）

16. 容抗反映了电容元件对正弦交流电流的阻碍作用。（　　）

17. 直流下，频率 $f=0$，所以 $X_C=\infty$，电容 C 相当于开路。（　　）

18. 电容元件的瞬时功率随时间变化，上半周期大于零，下半周期小于零，说明电容元件上只有能量交换而不耗能，为储能元件。（　　）

19. 电感线圈具有“通直流、阻交流，通低频、阻高频”的特性。（　　）

20. 电容器具有“通交流、阻直流，通高频、阻低频”的特性。（　　）

21. 元件串联时，总复阻抗等于每个元件的复阻抗之和。（　　）

22. 阻抗角是总电压与电流的初相位之差。（　　）

23. RLC 串联电路中，功率三角形、电压三角形、阻抗三角形是相似三角形。（　　）

24. 接线时，功率表电流线圈标有“*”号的一端必须接电源的正极，而电流线圈的另一端则与负载相连，电流线圈以串联形式接入电路。（　　）

25. 接线时，功率表电压线圈标有“*”号的一端与电流线圈标有“*”号的一端相连，而另一端则跨接到负载的另一端，电压线圈与负载并联。（　　）

项目 5

三相交流电路分析

项目任务单

项目描述	现代的供电体制采用三相交流电供电方式，因此只有掌握三相交流电路的有关知识，才能更好地在实际工作中应用交流电。导线连接、电度表使用等是现代工业用电及民用电领域不可或缺的技术，应牢固掌握，以便更好地完成实际用电线路的安装、检修，以及电能度量等任务。
项目载体	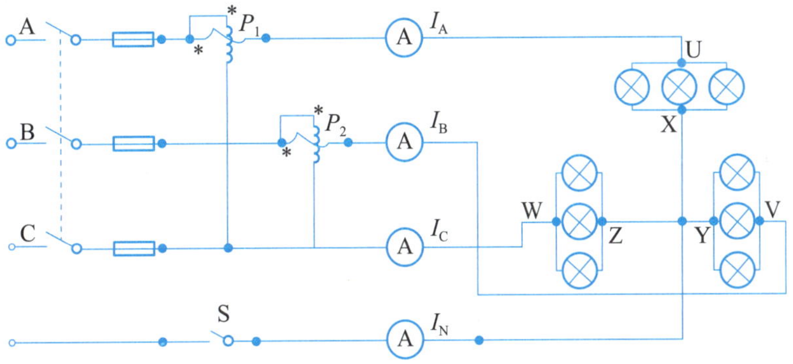 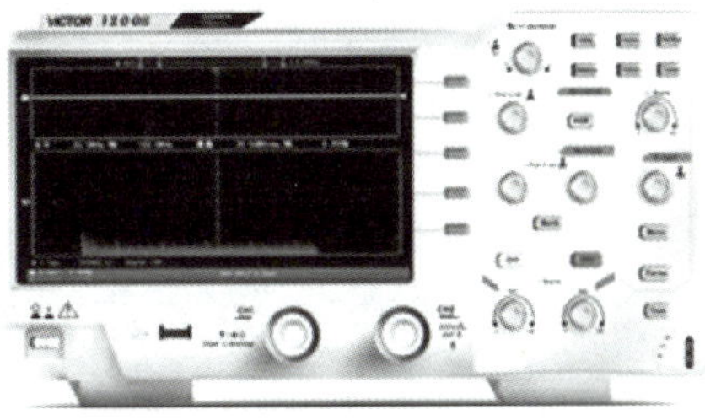 
项目目标	知识目标 （1）掌握三相交流电源的连接方法和三相四线制供电方式的特点。 （2）了解三相负载的连接方法，掌握三相负载的有关计算方法。 （3）了解功率表的工作原理和使用方法。 能力目标 （1）会测量三相交流电源电路和三相交流负载电路的参数。

续表

<table>
<tr><td rowspan="1">项目目标</td><td colspan="4">(2) 会使用示波器。
(3) 会测量三相功率。
素质目标
(1) 通过理论知识学习，培养学生吃苦耐劳的精神。
(2) 通过任务实施，进一步强化学生的工程伦理意识。</td></tr>
<tr><td rowspan="3">学习任务</td><td>任务序号</td><td>任务名称</td><td>学时安排</td><td>备注</td></tr>
<tr><td>任务 1</td><td>三相交流电源的参数测量</td><td>4 学时</td><td></td></tr>
<tr><td>任务 2</td><td>三相照明电路的参数测量</td><td>4 学时</td><td></td></tr>
</table>

任务1 三相交流电源的参数测量

一、任务目标

（1）了解三相交流电源的连接方法和三相四线制供电方式的特点。

（2）掌握使用示波器观察三相交流电波形的方法。

动画：三相电路的测量

二、任务内容

（1）使用示波器观察三相交流电波形。

（2）测量三相交流电源的相电压、线电压。

三、任务器材（见表5-1）

表5-1 任务器材清单

任务器材	示波器	三相交流电源	交流电压表
数量	1台	1套	1个

四、任务步骤

1. 三相交流电波形观察

（1）按图5-1所示的电路图接线。

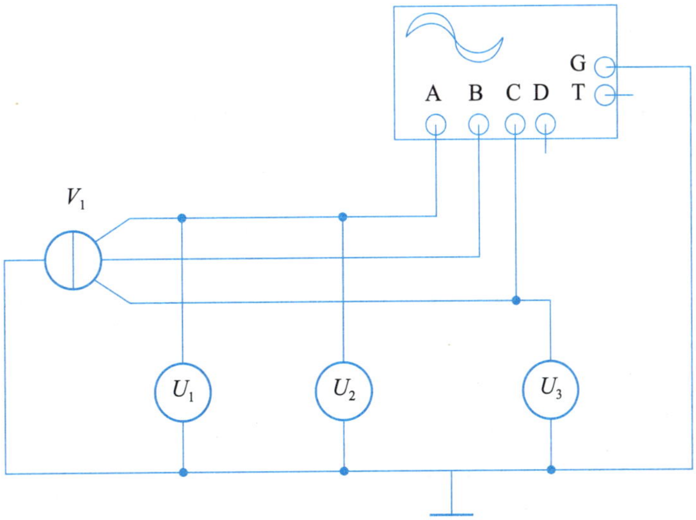

图5-1 三相交流电源电路图

（2）设置电路中的三相交流电源。三相交流电源的有效值为220V，频率为50Hz，这是我国交流电的工频标准。

（3）打开三相交流电源，并对示波器进行调试，将三相交流电的波形清晰地显示在示波器屏幕上，如图 5－2 所示。

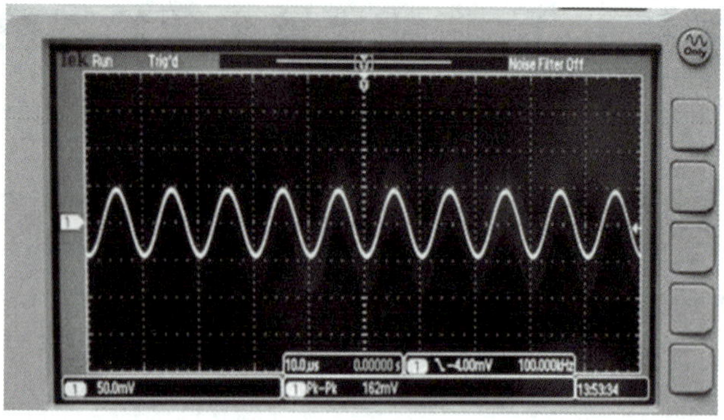

图 5－2　三相交流电的波形

（4）观察示波器波形，判断三相电压幅值是否相同。记录 A 相交流电的幅值。其他两相的幅值，操作与此相同。

2. 测量三相交流电的相电压、线电压

（1）建立图 5－1 所示的实验电路。

（2）根据实验电路连接电压表。

（3）用电压表分别测量相电压 U_A、U_B、U_C，将结果填入表 5－2 中。

表 5－2　测量记录

<table>
<tr><td colspan="3">三相交流电波形观察</td><td colspan="6">三相交流电测量</td></tr>
<tr><td colspan="2">三相交流电对称与否判断</td><td></td><td colspan="3">相电压/V</td><td colspan="3">线电压/V</td></tr>
<tr><td colspan="2">三相交流电相序判断</td><td></td><td>U_A</td><td>U_B</td><td>U_C</td><td>U_{AB}</td><td>U_{BC}</td><td>U_{CA}</td></tr>
<tr><td>A 相幅值</td><td>B 相幅值</td><td>C 相幅值</td><td rowspan="2"></td><td rowspan="2"></td><td rowspan="2"></td><td rowspan="2"></td><td rowspan="2"></td><td rowspan="2"></td></tr>
<tr><td></td><td></td><td></td></tr>
</table>

（4）将电压表依次接在不同的相线间，可以测量线电压 U_{AB}、U_{BC}、U_{CA}，如图 5－3 所示。

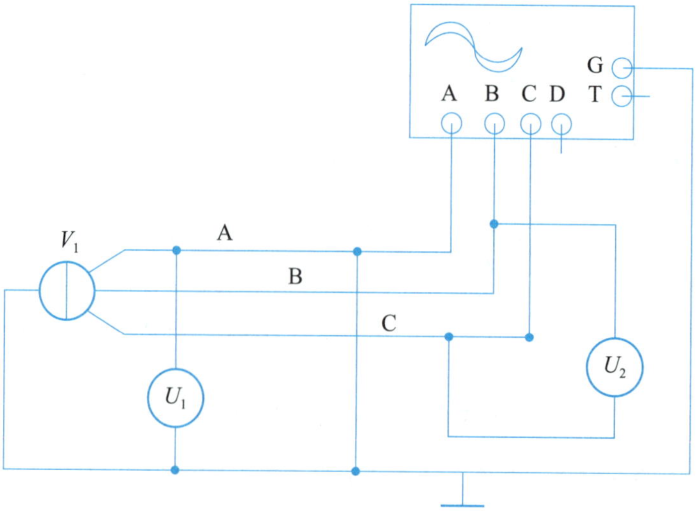

图 5－3　线电压测量电路

五、注意事项

（1）交流系统接地与否可根据实际工作需要确定。

（2）观察示波器波形时，学会利用示波器屏幕上的指针读取不同时刻交流电变化的参数。

（3）本任务使用的三相电源采用星形联结，若采用三角形联结，应如何操作？请自行设计实训任务并完成。

六、任务考核

<table>
<tr><td>班级</td><td></td><td>姓名</td><td></td><td>组号</td><td></td><td rowspan="2">扣分记录</td><td rowspan="2">得分</td></tr>
<tr><td>项目</td><td>配分</td><td colspan="2">考核要求</td><td colspan="2">评分细则</td></tr>
<tr><td>连接电路</td><td>20 分</td><td colspan="2">能正确连接电路</td><td colspan="2">（1）看不懂电路图，扣 10 分；
（2）未能正确连接电路，扣 5 分</td><td></td><td></td></tr>
<tr><td>三相交流电波形观察</td><td>30 分</td><td colspan="2">能正确完成三相交流电波形观察</td><td colspan="2">（1）设置不正确，每处扣 5 分；
（2）不能正确使用示波器，扣 15 分；
（3）读数不准确，每次扣 5 分</td><td></td><td></td></tr>
<tr><td>测量三相交流电的相电压、线电压</td><td>30 分</td><td colspan="2">能正确进行调试，并准确读出实验数据</td><td colspan="2">（1）设置不正确，每处扣 5 分；
（2）不能正确测量相电压，每次扣 5 分；
（3）不能正确测量线电压，每次扣 5 分</td><td></td><td></td></tr>
<tr><td>记录实训数据</td><td>10 分</td><td colspan="2">能正确记录相关数据并分析</td><td colspan="2">（1）不能进行相关数据的分析，扣 5 分；
（2）不能正确记录相关数据，每次扣 5 分</td><td></td><td></td></tr>
<tr><td>安全文明操作</td><td>10 分</td><td colspan="2">（1）安全用电，无人为损坏仪器、元件和设备的现象；
（2）保持环境整洁、秩序井然，操作习惯良好；
（3）小组成员团结协作，工作态度端正；
（4）不迟到、不早退、不旷课</td><td colspan="2">（1）违反操作规程，每次扣 5 分；
（2）工作场地不整洁，扣 5 分</td><td></td><td></td></tr>
<tr><td colspan="7">总分</td><td></td></tr>
</table>

任务 2　三相照明电路的参数测量

微课：双控开关控制电路安装

动画：一室一厅照明电路的设计与装接

一、任务目标

（1）了解三相负载的连接方法，掌握三相负载的计算方法。

（2）掌握三相功率的测量方法。

二、任务内容

（1）测量三相负载电路的线电压和相电压。

（2）用二功率表法测量三相负载的总功率。

三、任务器材（见表 5－3）

表 5－3　任务器材清单

任务器材	交流电压表	交流电流表	灯泡（60W/220V）	三相交流电源	单相功率表	开关
数量	1 个	4 个	9 个	1 套	1 个	1 个

四、任务步骤

1. 原理说明

（1）本任务以灯泡为负载，可以看作电阻负载。

（2）三相负载对称，是指各相负载的电阻相等、各相负载的电抗也相等。对于本任务，即为各相负载的电阻是相等的。

（3）若负载不对称，即有中性线时，中性线电流不为 0；无中性线时才有中性线电压。

2. 步骤

（1）实验电路如图 5－4 所示，将白炽灯按星形连接。

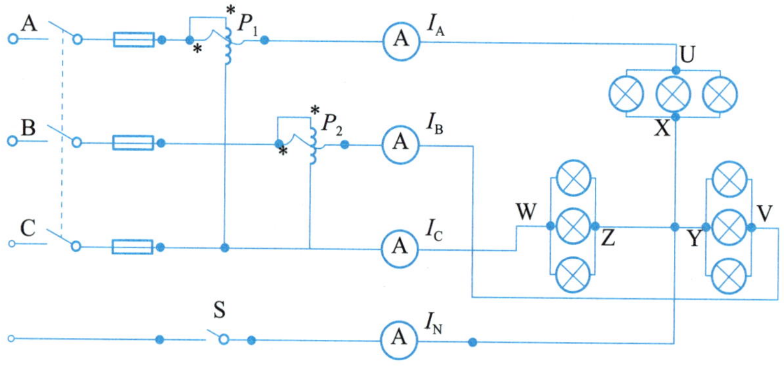

图 5－4　三相照明电路图

（2）用三相调压器输出作为三相交流电源，具体操作如下：先将三相调压器的旋钮置于三相电压输出为 0V 的位置（即逆时针旋到底），然后旋转旋钮，使调压器输出三相线电压为 380V。测量线电压和相电压，并记录数据，将数据填入表 5-4 中。

表 5-4 测量记录

<table>
<tr><th colspan="3">三相交流电波形观察</th><th colspan="6">三相交流电测量</th></tr>
<tr><td colspan="2">三相交流电对称与否判断</td><td></td><td colspan="3">相电压/V</td><td colspan="3">线电压/V</td></tr>
<tr><td colspan="2">三相交流电相序判断</td><td></td><td>U_A</td><td>U_B</td><td>U_C</td><td>U_{AB}</td><td>U_{BC}</td><td>U_{CA}</td></tr>
<tr><td>A 相幅值</td><td>B 相幅值</td><td>C 相幅值</td><td rowspan="2"></td><td rowspan="2"></td><td rowspan="2"></td><td rowspan="2"></td><td rowspan="2"></td><td rowspan="2"></td></tr>
<tr><td></td><td></td><td></td></tr>
</table>

（3）用二功率表法测定三相负载的总功率。

在三相三线制电路中，无论负载连接成星形还是三角形，也无论负载对称与否，都可用二功率表法测量三相功率，如图 5-5 所示。

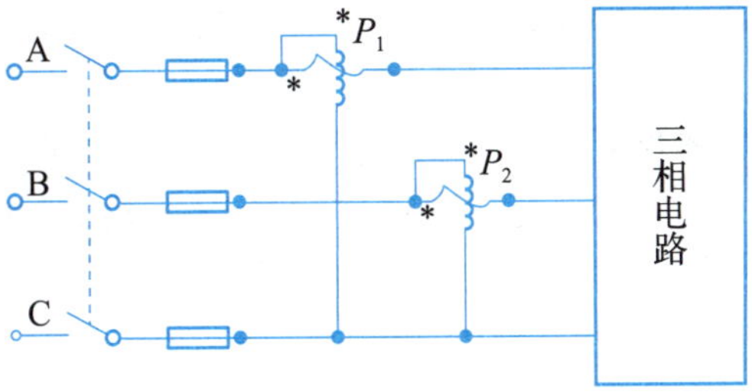

动画：电度表

图 5-5 二功率表法测量三相负载总功率的电路图

（4）测出三相负载对称时有无中性线时的电流、电压及功率，将数据填入表 5-5 中，并记录各灯的亮度。

表 5-5 测量记录

中性线连接		负载线电压/V			负载相电压/V			中性线电压	线电流			中性线电流	功率/W			灯光亮度变化		
		U_{AB}	U_{BC}	U_{CA}	U_A	U_B	U_C		I_A	I_B	I_C		P_1	P_2	P_{12}	A	B	C
对称负载	有中性线																	
	无中性线																	
不对称负载	有中性线																	
	无中性线																	

（5）测出三相负载不对称时有无中性线时的电流、电压及功率，将数据填入表 5-5 中，并记录各灯的亮度。

五、注意事项

(1) 本实验将三相电源线电压设定为380V，电压较高，应注意人身安全。

(2) 每次接线完毕，经指导教师检查后，方可接通电源，必须严格遵守“先接线，后通电；先断电，后拆线”的实验操作原则。

(3) 负载是否对称用电灯的开关控制，有无中性线由中性线开关控制。

(4) 测量和记录各电压、电流时，注意分清它们是哪一相、哪一线，以免记错。负载电压要在负载侧测量。

(5) 三相不对称负载，设A相1盏灯、B相2盏灯、C相3盏灯。

(6) 每次实验完毕，均应将三相调压器旋钮调回零位。每次改变接线，均应断开三相电源，以确保人身安全。

六、任务考核

班级		姓名		组号		扣分记录	得分
项目	配分	考核要求		评分细则			
连接电路	20分	能正确连接电路		(1) 看不懂电路图，扣10分； (2) 未能正确连接电路，每处扣5分			
三相负载电压、电流的测量	30分	能正确进行三相负载电压、电流的测量		(1) 不会设置三相负载对称性，每处扣5分； (2) 不能正确测量线电压，扣5分； (3) 不能正确测量相电压，扣5分； (4) 不能正确测量电流值，扣5分； (5) 不能正确测量中性线电压，扣5分			
三相负载功率的测量	30分	能正确进行三相负载功率的测量		(1) 功率表连接不正确，每处扣5分； (2) 不能正确进行功率表读数，每次扣5分			
记录实训数据	10分	能正确记录相关数据并分析		(1) 不能进行相关数据的分析，扣5分； (2) 不能正确记录相关数据，每次扣5分			
安全文明操作	10分	(1) 安全用电，无人为损坏仪器、元件和设备的现象； (2) 保持环境整洁、秩序井然，操作习惯良好； (3) 小组成员团结协作，工作态度端正； (4) 不迟到、不早退、不旷课		(1) 违反操作规程，每次扣5分； (2) 工作场地不整洁，扣5分			
总分							

笔记栏

知识链接

三相交流电在生产、输送和运用等方面具有突出优点，因此交流电力系统都采用三相三线制输电、三相四线制配电。因为工作现场既有动力负载（如搅拌机、吊车等），又有照明负载，所以一般采用三相四线制供电。三相四线制就是三条相线、一条零线的供电体制。三条相线提供频率相同、幅值相等、相位互差 120°的正弦交流电压，称为三相对称电压。单相交流电路就是三相交流电路中的一相，因此三相交流电路可视为三个特殊单相电路的组合。在三相电路对称或不对称有中性线时，三相交流电路可化简为单相电路来计算，故单相交流电路的分析计算方法，完全适用于三相交流电路。

一、三相电源的产生

三相交流电是由三相交流发电机产生的，三相交流发电机的原理图如图 5－6 所示。

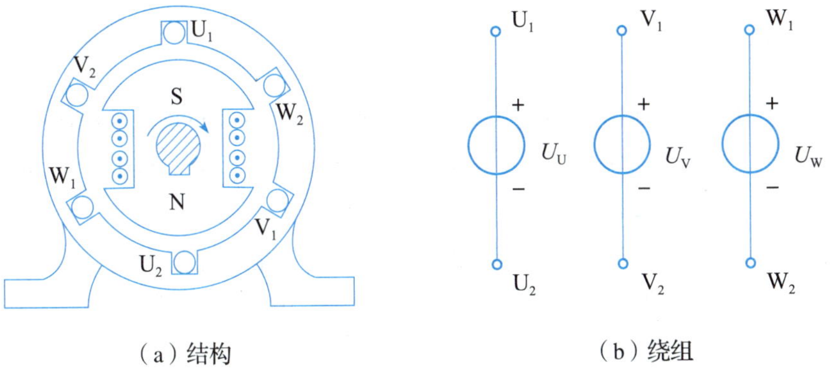

图 5－6　三相交流发电机的原理图

三相交流发电机与单相交流发电机的工作原理是相同的，不同之处在于三相交流发电机的定子上均布着匝数和尺寸都相同的三个绕组，U_1-U_2、V_1-V_2 和 W_1-W_2。它们在空间位置上各相差 120°。其中 U_1、V_1、W_1 分别为三个绕组的首端，U_2、V_2、W_2 分别为绕组的末端。

三相交流发电机转子磁场在空间是按正弦规律分布的，当转子以角速度 ω 匀速转动时，将在定子的三个绕组中产生三个幅值、频率完全相同，相位互差 120°的正弦感应电动势，称为对称三相电源，设它们的方向都是由末端指向始端。这三个电源依次称为 U 相、V 相和 W 相，对应的电压称为相电压，如图 5－6（b）所示。若以 U 相电压作参考正弦量，则它们的瞬时表达式为：

$$u_U=\sqrt{2}U\sin\omega t$$
$$u_V=\sqrt{2}U\sin(\omega t-120^\circ)$$
$$u_W=\sqrt{2}U\sin(\omega t+120^\circ)$$

相当于三个独立的电压源。它们对应的相量式为

$$\dot{U}_U=U\angle 0^\circ \quad \dot{U}_V=U\angle -120^\circ \quad \dot{U}_W=U\angle 120^\circ$$

三相对称电压的波形和相量如图 5－7 所示。

由波形图和相量图可得出，三相电压瞬时值的和及其相量和均为零。

笔记栏

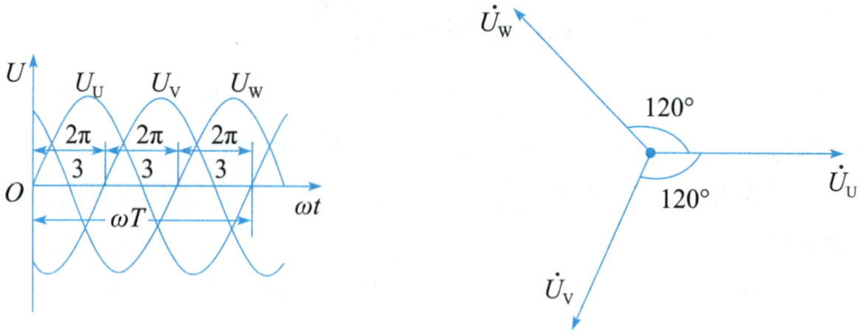

（a）波形　　　　（b）相量

图 5－7　三相对称电压的波形和相量

即

$$u_U+u_V+u_W=0$$

$$\dot{U}_U+\dot{U}_V+\dot{U}_W=0$$

三相交流发电机的每一相绕组都可以看作独立的电源，可以与负载单独闭合。但这种供电方式的供电线较多，结构复杂且很不经济，因此通常采用星形（Y）联结或三角形（△）联结。

（一）三相电源的星形联结

将三相绕组末端连在一起，从首端引出三根线作为三相电源输出端，称为星形联结，如图 5－8 所示。末端连接点叫作中点，用 N 表示，从中点引出的线称为中性线（零线），从首端引出的线称为相线（端线）。

微课：三相电源的联结

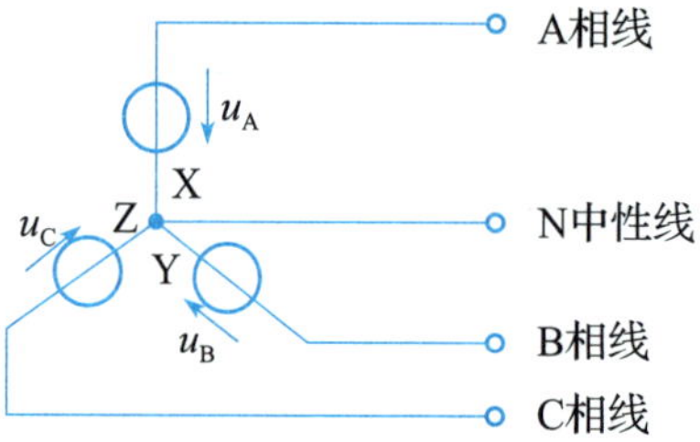

图 5－8　星形联结

三相电源向三相负载引三根相线和一根中性线的三相电路，称为三相四线制。在三相四线制供电方式中，相线和中性线之间的电压称为相电压，用 U_A、U_B、U_C 表示其有效值，且相位上相差 120°。因此三相相电压是对称的，$U_A=U_B=U_C=U_P$。

在三相四线制中，任意两极相线之间的电压称为线电压，用 U_{AB}、U_{BC}、U_{CA} 表示其有效值。规定正方向脚标用字母的先后顺序标明。例如，线电压 U_{AB} 的正方向是由 A 指向 B，书写时顺序不能颠倒，否则相位上相差 180°。根据基尔霍夫定律，从图 5－8 中可以得出线电压和相电压之间的关系为

$$U_{AB}=U_A-U_B$$

$$U_{BC}=U_B-U_C$$

$$U_{CA}=U_C-U_A$$

其对应的相量式为

$$\dot{U}_{AB}=\dot{U}_A-\dot{U}_B$$
$$\dot{U}_{BC}=\dot{U}_B-\dot{U}_C$$
$$\dot{U}_{CA}=\dot{U}_C-\dot{U}_A$$

以 U_A 为参考矢量，根据上式可画出线电压与相电压的矢量图，如图 5－9 所示。

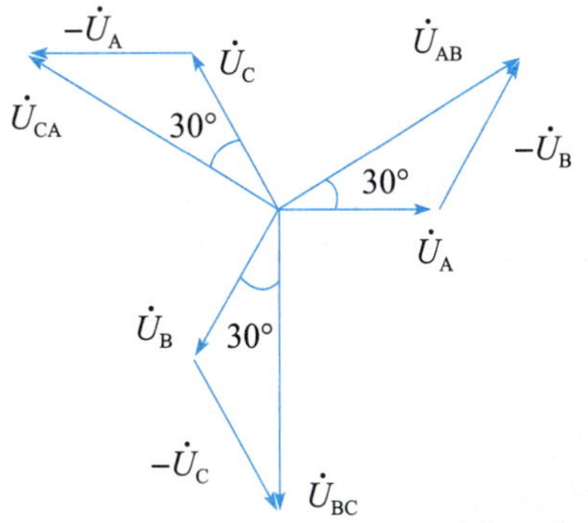

图 5－9　线电压与相电压的矢量图

（二）三相电源的三角形联结

把电源的三个绕组的每相绕组的首端与另一相绕组的末端依次连接成一个闭合的三角形，再从三角形的三个顶点连接处分别引出三根端线，这种接法称为三相电源的三角形联结，如图 5－10 所示。

三角形联结后，三个绕组便形成了一个阻抗很小的闭合回路，但由于各相电压大小相等，相位依次互差 120°，因此对称三相电压的相量和等于零，即

$$\dot{U}_A+\dot{U}_B+\dot{U}_C=0$$

此时，回路中无环流。如果出现三相绕组电动势不对称或者连接不正确的情况，则回路中电压相量和不等于零，三相绕组中将产生很大的环流，电源绕组会被烧坏。因此，连接发电机或变压器的三相绕组时要特别注意连接次序，以免发生重大事故。

安全起见，在电源作三角形联结时，宜先接成开口三角形以待检验。即在开口两端点并联电压表，如图 5－11 所示。

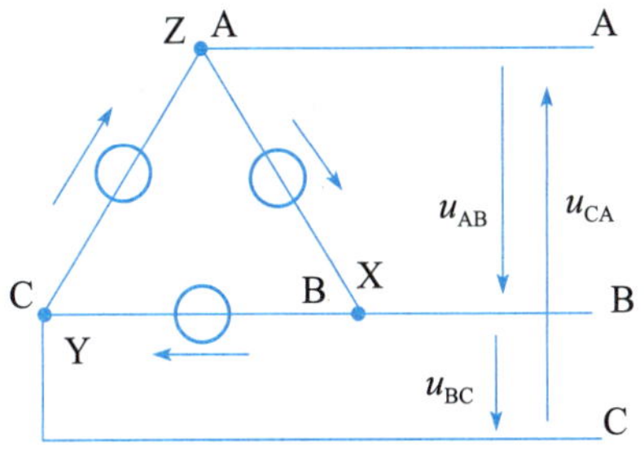

图 5－10　三角形联结

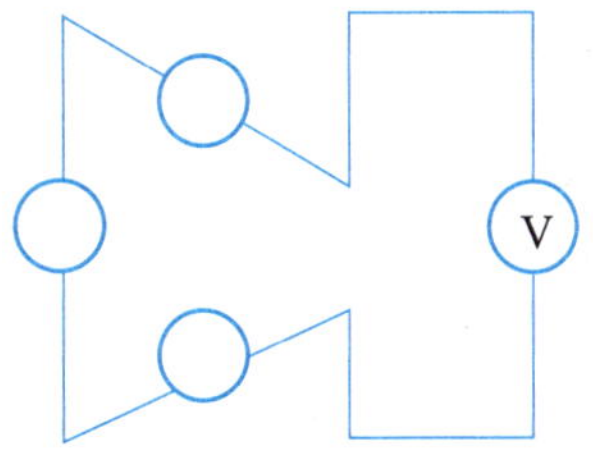

图 5－11　开口三角形

二、三相负载的联结

实际工作和生活中，使用最为广泛的交流电供电方式为三相四线制供电，这就存在作为用电的负载，如何与三相四线制供电系统正确连接的问题。若连接不合适则可能造成设备的损坏或是不能正常工作。同时，负载连接到三相四线制供电系统后，还要考虑电路参数的测量问题，因为只有通过这些电路参数，才能判断负载工作是否正常、功率消耗是否合理等问题。

根据用电器对电源的要求，可将负载分为单相负载和三相负载。工作时，只需单相电源供电的用电器称为单相负载，如电冰箱、电视机、照明灯等；需要三相电源供电才能正常工作的用电器称为三相负载，如三相异步电动机等。

若每相负载的阻抗相等、性质相同，则称为三相对称负载，否则称为三相不对称负载。

（一）三相负载的联结方式

三相负载的联结方式有两种：星形联结和三角形联结。

笔记栏

1. 三相负载的星形联结

三相负载星形联结时，一般要接成三相四线制，若三相负载对称，则可接成三相三线制。

三相四线制星形联结如图 5－12 所示，每相负载的末端接在点 N′，并与电源中性线相连；负载的另外三个端点分别和三根相线 A、B、C 相连。每相负载的公共点称为负载中点，每相负载 Z_A、Z_B、Z_C 分别接于电源各端线和中性线之间。这样，四根导线便把电源和负载连接起来，构成了三相四线制星形联结。

微课：三相负载的联结

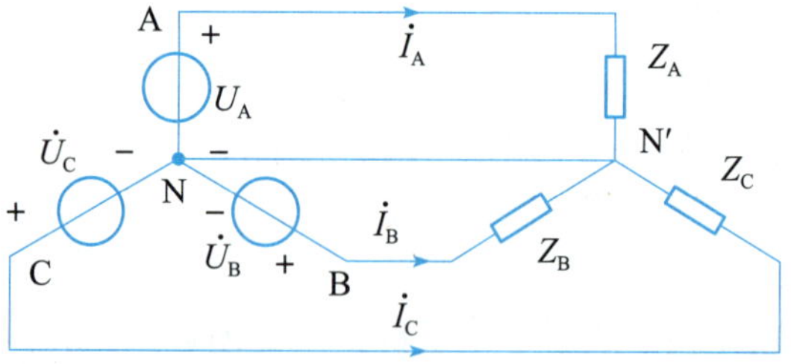

图 5－12　三相四线制星形联结

在三相电源和三相负载都是星形联结的三相四线制电路中，每相电源和该相负载相对独立，加在每相负载上的电压称为相电压。若不考虑线路压降，则负载的相电压就是电源的相电压，由于电源的三个相电压对称，因此负载上的相电压也是对称的。

在星形联结的三相四线制中，每相电源独立向每相负载供电，由中性线把它们连成闭合电路。流经每相负载的电流叫相电流，每根相线中的电流叫线电流。若规定三相线电流的正方向为从电源端流向负载端，则线电流就是相电流。由图 5－12 可以看出，$\dot{I}_A=\dot{I}_B=\dot{I}_C$。

2. 三相负载的三角形联结

三相对称负载也可以接成图 5－13（a）所示的三角形。这时，加在每相负载上的电压是对称电源的线电压。

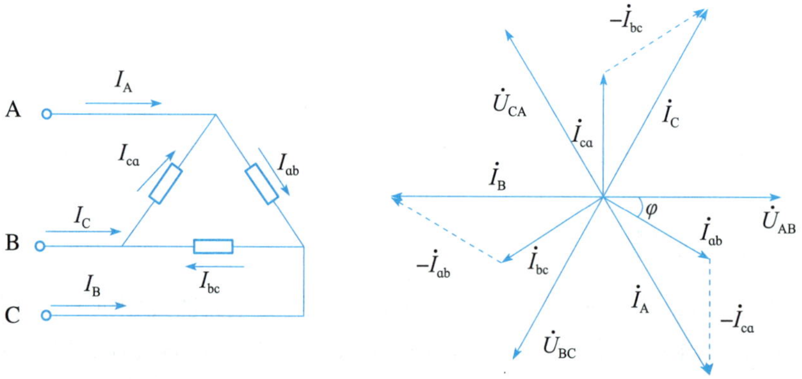

（a）三角形联结　　（b）线电流、相电流的矢量图

图 5－13　三相负载的三角形联结

因为各相负载对称，所以各相电流也对称，相电流为

$$I_{ab}=I_{bc}=I_{ca}$$

$$\varphi_a=\varphi_b=\varphi_c$$

$$I_A=I_{ab}-I_{ca}$$

$$I_B=I_{bc}-I_{ab}$$

笔记栏

$$I_C = I_{ca} - I_{bc}$$

线电流、相电流的矢量图如图 5 - 13（b）所示，从矢量图得

$$I_L = \sqrt{3} I_P$$

（二）对称三相电路和不对称三相电路

1. 对称三相电路的分析

若三相电源对称（即每相电压相等），三相负载也对称（即每相复阻抗相等），这样的三相电路叫对称三相电路。

在对称三相电路中（即电源是星形联结，负载也是星形联结），中性线线电流总是为零。中性线的有无不影响电路的工作状态，即中性线可以去掉。在实际应用中，三相负载绝对相等的情况较少，大多处于相对均衡的状态，为了防止负载出现严重不均衡的情况而损害电源，三相电路中的中性线必须保留。在对称的 Y－△或△－△三相电路中，要求三相负载绝对相等，否则三相电源将受到严重损伤。

2. 不对称三相电路的分析

三相电源、三相负载及线路阻抗中至少有一部分不对称组成的三相电路，叫作不对称三相电路。

在实际应用中，不对称三相电路大量存在，主要原因是三相负载的不对称。在对称的三相电路中若某一相负载发生短路（或开路），某一端线断开，该电路就失去了对称性，称为不对称电路。在三相不对称电路中，中性线是绝对不能省掉的，否则电源将受到损害。由于不对称三相电路的每一相都不同，因此分析和计算都要逐相进行。

为了确保电源不受损害，负载不相互影响，应尽量使三相电路对称运行。

三相负载可接成星形或三角形。当三相负载的额定电压与电源的相电压相同时，则应接成星形；当三相负载的额定电压与电源的线电压相同时，应接成三角形。

（1）三相负载星形联结。

当负载对称时，有

$$U_L = \sqrt{3} U_P \quad I_L = I_P \quad I_N = 0$$

当负载不对称时（三相四线制），有

$$U_L = \sqrt{3} U_P \quad I_L = I_P \quad I_N \neq 0$$

由上述分析可知，当负载对称时中性线电流为零，有无中性线均可。当负载不对称时中性线电流不为零，这种情况下中性线一旦断开，负载上的电压便有高有低，不再是对称电压，负载将不能正常工作，甚至造成严重后果。中性线的作用：不论负载对称与否，均使三相负载各相的电压等于电源的相电压，确保各相负载在对称的电压下正常工作。为防止中性线断开，中性线上不允许接熔断器或开关。

（2）三相负载三角形联结。

当负载对称时，有

$$U_L = U_P \quad I_L = \sqrt{3} I_P$$

当负载不对称时，有

$$U_L = U_P \quad I_L \neq \sqrt{3} I_P$$

笔记栏

（三）三相功率的计算

三相电路中，三相有功功率等于各相有功功率的总和。三相无功功率等于各相无功功率的总和。

若各相负载的相电压为 U_U、U_V、U_W，各相负载的相电流为 I_U、I_V、I_W，各相电流、电压相位差为 φ_U、φ_V、φ_W，则三相有功功率为

$$\begin{aligned} P &= P_U + P_V + P_W \\ &= U_U I_U \cos\varphi_U + U_V I_V \cos\varphi_V + U_W I_W \cos\varphi_W \end{aligned}$$

三相无功功率为

$$\begin{aligned} Q &= Q_U + Q_V + Q_W \\ &= U_U I_U \sin\varphi_U + U_V I_V \sin\varphi_V + U_W I_W \sin\varphi_W \end{aligned}$$

若三相负载对称，则

$$P = 3U_P I_P \cos\varphi$$

$$Q = 3U_P I_P \sin\varphi$$

$$P = \sqrt{3} U_L I_L \cos\varphi$$

$$Q = \sqrt{3} U_L I_L \sin\varphi$$

即三相视在功率为

$$S = \sqrt{P^2 + Q^2}$$

此时，如果三相负载对称，则

$$\begin{aligned} S &= \sqrt{(\sqrt{3} U_L I_L \cos\varphi)^2 + (\sqrt{3} U_L I_L \sin\varphi)^2} \\ &= 3U_P I_P = \sqrt{3} U_L I_L \end{aligned}$$

即测即评

一、填空题

1. 从三相绕组的首端 U_1、V_1、W_1 引出的三条输电线称为________，又称________，俗称________。

2. 幅值相等，频率相同，相位互差 120°的三相电动势称为________。

3. 三相绕组的末端 U_2、V_2、W_2 连接而成的公共端点称为________。

4. 相序分________和________两种。

5. 三相四线制供电系统能够提供两种不同的电压，即________和________。

6. ________表示电源容量的利用率，用 λ 表示。

7. 提高功率因数的方法是在感性负载两端________电容器。

二、单选题

1. 各相负载上的电流是（　　），有效值用 I_P 表示。

A. 线电流　　B. 相电流　　C. 中性线电流　　D. 相线电流

2. 每根端线上的电流是（　　），有效值用 I_L 表示。

A. 线电流　　B. 相电流　　C. 中性线电流　　D. 相线电流

三、多选题

1. 三相交流发电机的结构组成主要包括（　　）等。

A. 定子　　B. 转子　　C. 底座　　D. 外壳

2. 三相电源绕组的联结方式有（　　）。

A. 星形　　B. 三角形　　C. 菱形　　D. 四边形

3. 三相负载的联结方式有（　　）。

A. 星形　　B. 三角形　　C. 菱形　　D. 四边形

四、判断题

1. 工程上，相线 U、V、W 分别用黄、绿、红三种颜色来区分，而中性线则用黑色表示。（　　）

2. 工程上通用的相序是正序。（　　）

3. 在我国三相四线制低压配电线路中，相电压为 220V。（　　）

4. 在我国三相四线制低压配电线路中，线电压为 380V。（　　）

5. 数值关系上，线电压是相电压的 $\sqrt{3}$ 倍；相位关系上，线电压超前对应的相电压 30°。（　　）

6. 各相负载阻抗相同（即阻抗模相等，阻抗角相同）的三相负载称为对称三相负载。（　　）

7. 单相照明电路组成的三相负载称为不对称三相负载。（　　）

8. 中性线的作用是使各相不对称负载的相电压对称，保证各相负载正常工作。（　　）

9. 复数的加减运算方法是实部和虚部分别相加或相减。（　　）

项目6

变压器的使用与维护

项目任务单

<table>
<tr><td>项目描述</td><td colspan="4">交流供电系统中，交流电从产生到应用，中间要经过传输和分配环节，必然要用到变压器来升压和降压。所以说，变压器是交流电传输和分配过程中必不可少的电气设备。</td></tr>
<tr><td>项目载体</td><td colspan="4">  
 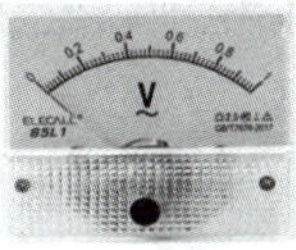 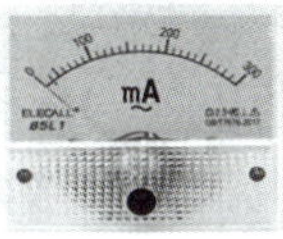</td></tr>
<tr><td>项目目标</td><td colspan="4">知识目标
（1）了解磁路的概念，掌握磁场的基本物理量。
（2）了解电磁感应现象的特点，掌握磁路欧姆定律。
（3）了解单相变压器的结构和工作原理，掌握变压器的相关计算方法。
能力目标
（1）会判别变压器的同名端。
（2）会测试变压器的参数。
素质目标
（1）通过理论学习，培养学生正确认识问题、分析问题、解决问题的能力。
（2）通过实践操作，激发学生科技报国的家国情怀和使命担当。</td></tr>
<tr><td rowspan="3">学习任务</td><td>任务序号</td><td>任务名称</td><td>学时安排</td><td>备注</td></tr>
<tr><td>任务 1</td><td>变压器同名端的判别</td><td>4 学时</td><td></td></tr>
<tr><td>任务 2</td><td>变压器性能测试</td><td>4 学时</td><td></td></tr>
</table>

任务1　变压器同名端的判别

微课：变压器同名端的判别方法

一、任务目标

（1）了解磁路的概念，掌握磁场的基本物理量。
（2）了解电磁感应现象的特点，掌握磁路欧姆定律。
（3）了解线圈的自感、互感，掌握判别变压器同名端的方法。

二、任务内容

使用万用表判别变压器的同名端。

三、任务器材（见表6-1）

表6-1　任务器材清单

任务器材	单相变压器	指针式万用表	1.5V干电池	开关
数量	1个	1个	1个	1个

四、任务步骤

（1）如图6-1所示，G为1.5V电池，S为开关。将万用表置于直流电压低挡位，如2.5V挡（直流电流置0.5mA挡即可）。

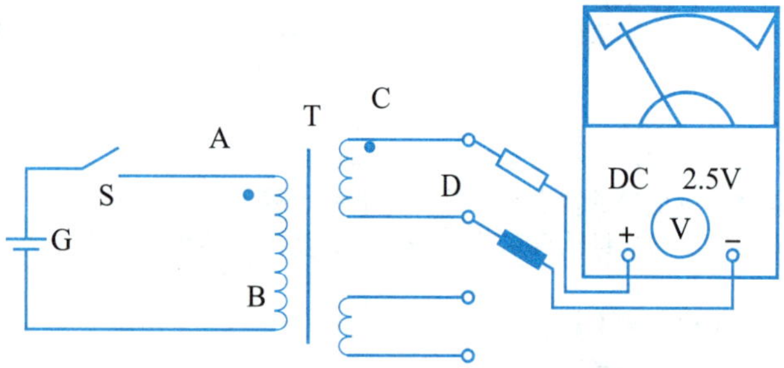

图6-1　万用表判别变压器同名端的电路连接

（2）将万用表的表笔分别接次级绕组的两端，红表笔接C端，黑表笔接D端。接通开关S的瞬间，使变压器的变化电流流过初级绕组。根据电磁感应原理可知，此时在变压器次级绕组上将产生一个时间很短的感应电压，仔细观察万用表指针，注意指针的摆动方向。如果指针正向偏转，则万用表的正极C点、电池的正极A点所接的是同名端，D点和B点是同名端。

（3）闭合开关S时，若万用表指针向左摆，则C点和B点是同名端，D点和A点是同名端。

五、注意事项

（1）检测过程中，要仔细观察开关S闭合时万用表指针的摆动方向。开关S闭合后再断开时，由于变压器次级绕组的自感作用，会产生一个反向电压，使指针向相反方向摆。因此，可将开关 S 多闭合几次，看准万用表指针的摆动方向。

（2）必须注意开关 S 不可长时间接通，以免造成线圈故障。

六、任务考核

<table>
<tr><th>班级</th><th></th><th>姓名</th><th></th><th>组号</th><th></th><th rowspan="2">扣分记录</th><th rowspan="2">得分</th></tr>
<tr><th>项目</th><th>配分</th><th colspan="2">考核要求</th><th colspan="2">评分细则</th></tr>
<tr><td>识图</td><td>20 分</td><td colspan="2">能看懂电路图</td><td colspan="2">（1）看不懂电路图，扣 10 分；
（2）未能正确识别电气元件，每处扣 5 分</td><td></td><td></td></tr>
<tr><td>用万用表判别变压器同名端</td><td>50 分</td><td colspan="2">能正确进行变压器同名端的判别</td><td colspan="2">（1）不会使用万用表，扣 15 分；
（2）不会连接电池和开关，每处扣 10 分；
（3）不能正确进行变压器同名端的判别，扣 25 分</td><td></td><td></td></tr>
<tr><td>表述万用表判别变压器同名端的原理</td><td>20 分</td><td colspan="2">能正确解释万用表判别变压器同名端的原理</td><td colspan="2">（1）不知道变压器同名端的含义，扣 10 分；
（2）不能解释直流法测变压器同名端的原理，扣 5 分；
（3）不能解释交流法测变压器同名端的原理，扣 5 分</td><td></td><td></td></tr>
<tr><td>安全文明操作</td><td>10 分</td><td colspan="2">（1）安全用电，无人为损坏仪器、元件和设备的现象；
（2）保持环境整洁、秩序井然，操作习惯良好；
（3）小组成员团结协作，工作态度端正；
（4）不迟到、不早退、不旷课</td><td colspan="2">（1）违反操作规程，每次扣 5 分；
（2）工作场地不整洁，扣 5 分</td><td></td><td></td></tr>
<tr><td colspan="7">总分</td><td></td></tr>
</table>

任务 2 变压器性能测试

微课：变压器变比的测定

动画：变压器变比的测定

一、任务目标

（1）了解单相变压器的工作原理，掌握变压器的相关计算方法。

（2）了解变压器的结构，掌握变压器参数的测试方法。

二、任务内容

认识变压器的铭牌；使用万用表测量直流电阻；使用兆欧表测量绝缘电阻；对变压器进行电气性能测试和升温测试。

三、任务器材（见表 6-2）

表 6-2 任务器材清单

任务器材	单相变压器（220/18V1A）	万用表	兆欧表	交流电压表	交流电流表	单相功率表	交流调压器（0～250V）	QJ103 直流双臂电桥	滑线电阻器（100Ω/20W）
数量	1 台	1 块	1 块	1 块	1 块	1 块	1 块	1 个	

四、任务步骤

（1）认识变压器的铭牌，识别变压器原、副绕组接线端子。根据变压器的铭牌记录该变压器的型号、容量，以及原绕组和副绕组的额定电压、电流，并填入表 6-3 中。

表 6-3 变压器的铭牌数据

型号	容量	初级额定电压	初级额定电流	次级额定电压	次级额定电流

（2）外观检查。检查有无断线、脱焊，绝缘有无损伤，通电后有无烧焦味等。

（3）绕组检查。用万用表测量电阻，判断绕组有无短路、断线，绝缘有无损坏。若变压器绕组的电阻特别小，则可用电桥检测。用兆欧表测量绕组之间或绕组和铁芯之间的绝缘电阻。

①直流电阻的测量。用万用表或 QJ103 直流双臂电桥测量变压器初级和次级绕组的直流电阻值，将测量数据填入表 6-4 中。

②绝缘电阻的测量。用 500V 兆欧表测量变压器初级对次级绕组以及各绕组对铁芯的绝缘电阻，将测量数据填入表 6-4 中。

表 6-4 直流电阻和绝缘电阻的测量

测量项目	绝缘电阻/MΩ			直流电阻/Ω	
测量对象	初级对次级	初级对铁芯	次级对铁芯	初级绕组	次级绕组
测量读数					

（4）电气性能测试。测量空载电流，如偏大，说明空载损耗变大，温升将会较高。测量变压器的输出电压，检验输出电压是否和额定值相符。测量负载特性曲线，以检验变压器带负载能力。

①空载特性测试。按图 6－2 所示接线，在变压器初级绕组上加额定电压，次级绕组开路，在交流电压表和交流电流表上读出初级空载电流和次级空载电压，在功率表上读出空载损耗数值，将空载特性测试数据填入表 6－5 中。

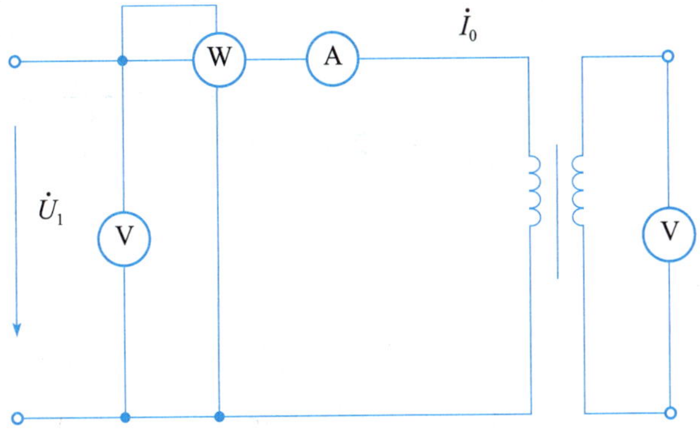

图 6－2　空载特性测试

②短路特性测试，按图 6－3 所示接线，先将调压器输出电压调至零，加电后再缓慢增加电压，直至次级电流达到额定值，在交流电压表上读出初级电压值，在功率表上读出短路损耗数值，将短路特性测试数据填入表 6－5 中。

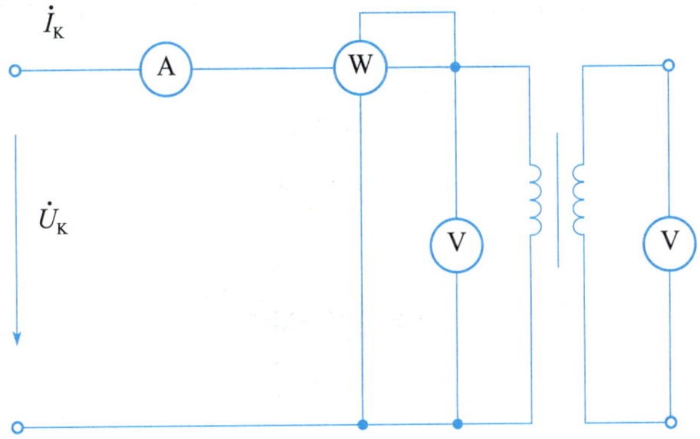

图 6－3　短路特性测试

表 6－5　变压器的特性测试

测量项目	空载特性			短路特性	
测量对象	额定电压/V	空载电流/mA	空载电压/V	额定电流/mA	短路电压/V
测量读数					
测量项目	负载特性				
负载电流	I_1	I_2	I_3	I_4	I_5
电流数值/mA					
次级电压/A					

③负载特性测试。按图 6－4 所示接线，在变压器初级绕组上加额定电压，次级绕组接滑线电阻器，调节滑线电阻器阻值，改变负载电流，在交流电压表上读出相应的次级电压值。将负载特性测试数据填入表 6－5 中，在图 6－5 中绘出负载特性曲线。

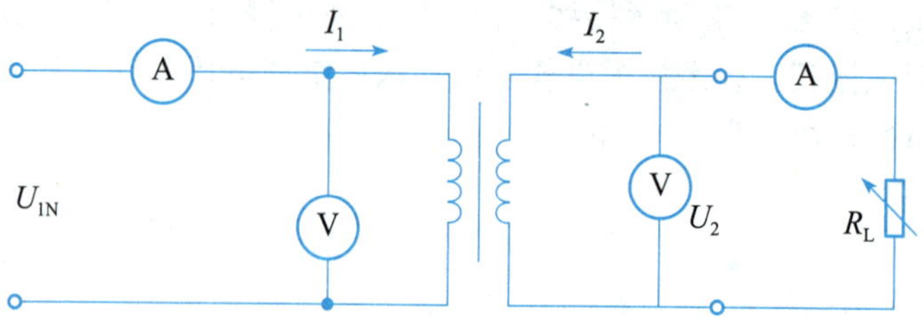

图 6－4　负载特性测试

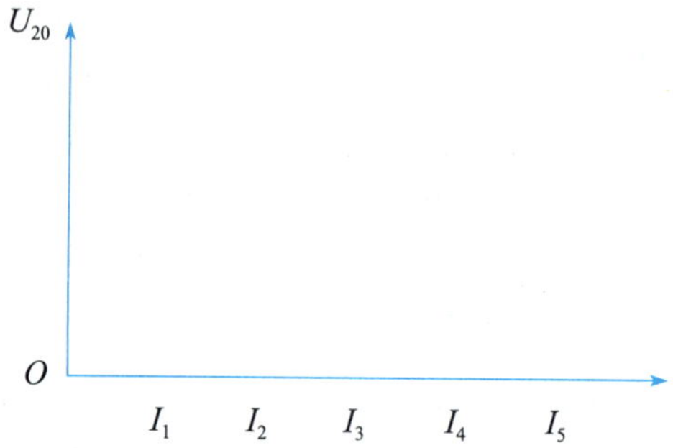

图 6－5　负载特性曲线

（5）温升测试。按变压器温升测试的操作要求进行，并将测试数据填入表 6－6 中。

表 6－6　变压器的温升测试

变压器损耗和效率		
铁损耗 P_{Fe}/W	铜损耗 P_{Cu}/W	效率/η
变压器的温升测试		
冷态电阻 R_O/Ω	热态电阻 R_T/Ω	温升

五、注意事项

（1）因为变压器空载时功率因数很低（约 0.2），所以测量功率时应选用低功率因数的功率表。

（2）短路特性测试时，由于短路电压一般都很低，为额定电压的百分之几，因此调压器一定要旋到零位后才能闭合电源开关，然后逐渐增加电压，使短路电流达到次级额定电流值，再进行测量。

（3）变压器测试中的带电项目，应严格遵守操作规程，注意人身安全。

六、任务考核

班级		姓名		组号		扣分记录	得分
项目	配分	考核要求		评分细则			
识图	20 分	能看懂电路图		(1) 看不懂电路图，扣 10 分； (2) 未能正确识别电气器件，每处扣 5 分			
认识变压器的铭牌	10 分	能正确认识变压器的铭牌参数		不能正确认识变压器的铭牌参数，每处扣 5 分			
变压器绕组检查	30 分	能正确进行变压器绕组检查		(1) 不会进行变压器直流电阻测量，扣 10 分； (2) 不会进行变压器绝缘电阻测量，扣 10 分； (3) 不能根据测量数据判断绕组性能，扣 10 分			
变压器电气性能测试	30 分	能正确进行变压器电气性能测试		(1) 不会进行变压器空载特性测试，扣 10 分； (2) 不会进行变压器短路特性测试，扣 10 分； (3) 不会进行变压器负载特性测试和温升测试，扣 5 分； (4) 不能根据测量数据判断变压器故障现象，扣 5 分			
安全文明操作	10 分	(1) 安全用电，无人为损坏仪器、元件和设备的现象； (2) 保持环境整洁、秩序井然，操作习惯良好； (3) 小组成员团结协作，工作态度端正； (4) 不迟到、不早退、不旷课		(1) 违反操作规程，每次扣 5 分； (2) 工作场地不整洁，扣 5 分			
总分							

笔记栏

知识链接

一、磁与磁场

（一）磁的基本知识

电和磁是相互联系、不可分割的两类基本物质，电流产生磁场，磁场变化或运动又产生感应电动势。很多电气设备，如电机、变压器、电磁铁、电工测量仪表以及多种电磁元件等，都是利用电与磁的基本原理进行工作的。大多数情况下，电气设备的磁场都是由电流产生的，并且利用铁磁性材料将磁场集中在一定的范围内，形成磁路。

1. *磁体与磁极*

物体具有吸引铁、钴、镍等物质的性质称为磁性。具有磁性的物体称为磁体。磁体分为天然磁体和人造磁体，常见的磁体多是人造的，如图 6－6 所示的条形磁铁、马蹄形磁铁和针形磁铁等。

磁体两端磁性最强的区域称为磁极。实验证明，任何磁体都具有两个磁极，而且无论把磁体怎样分割，它总是保持两个磁极。一端为北极，用 N 表示；另一端为南极，用 S 表示。

与电荷间的相互作用力相似，磁极间也具有相互作用力，即同极相排斥，异极相吸引，如图 6－7 所示。磁极间的相互作用力称为磁力。指南针就是利用这种性质工作的，因为地球本身就是一个大磁体，地磁的北极在地球南极附近，地磁的南极在地球北极附近。

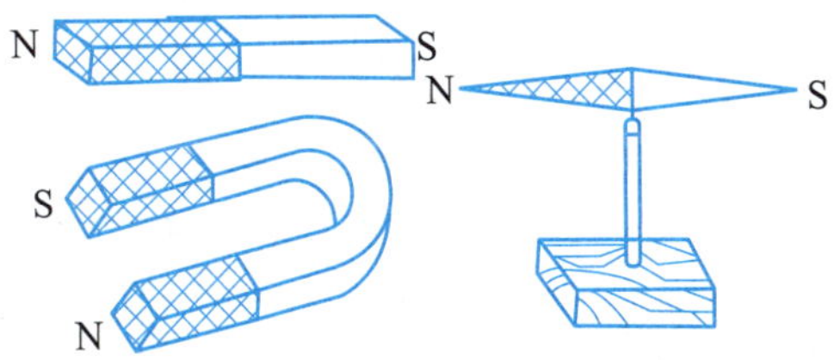

图 6－6　人造磁体

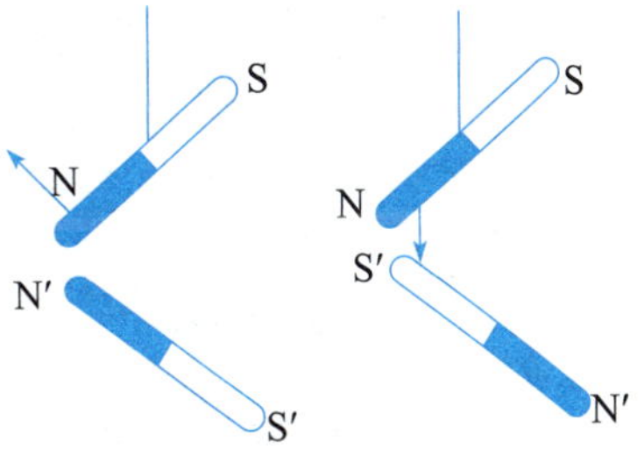

图 6－7　磁极间的相互作用

2. *磁场与磁力线*

磁体周围存在磁力作用的空间，称为磁场。互不接触的磁体之间的相互作用力，就是通过磁场来传递的。磁场和电场一样，都是一种特殊物质，之所以被认为特殊，是因为它们不是由分子和原子组成的。

磁场和电场都是有方向的。在磁场中某一点放一个能自由转动的小磁针，小磁针静止时 N 极所指的方向，规定为该点的磁场方向。为了形象地描述磁场，人们引出了磁力线这一概念。磁力线可以通过实验形象地呈现。在磁体上放一块玻璃或纸板，撒上一些铁屑并轻敲，铁屑便会有规则地排列成图 6－8（a）所示的线条状，这些线条呈现的就是磁体的磁力线分布情况。

磁力线的特征如下：

（1）磁力线是互不交叉的闭合曲线。在磁体外部由 N 极指向 S 极，在磁体内部由 S 极指向 N 极，如图 6－8（b）所示。

（2）磁力线的疏密程度反映了磁场的强弱。磁力线越密表示磁场越强，越疏表示磁场越弱。

（3）磁力线上任意一点的切线方向，就是该点的磁场方向。

笔记栏

（a）磁力线分布

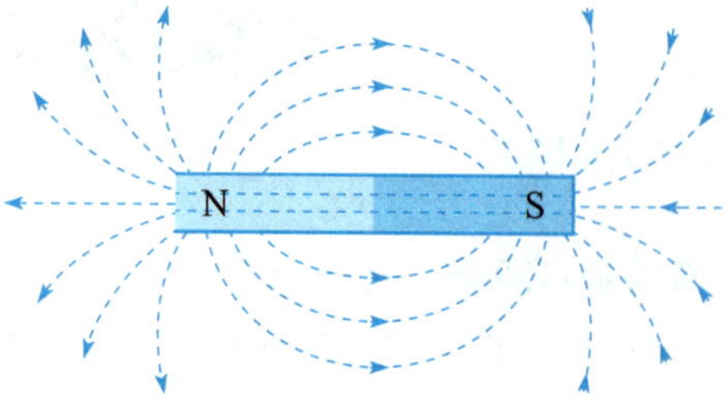

（b）磁力线指向

图 6-8　磁力线示意图

3. 电流产生的磁场

磁铁并不是磁场的唯一来源。1820 年丹麦物理学家奥斯特从实验中发现，当导线通入电流时，放在导线旁边的磁针会受到力的作里而偏转，如图 6-9 所示。这表明通电导线的周围存在磁场，电与磁是有密切联系的。

（1）通电直导线的磁场。

通电直导线周围磁场的磁力线是一些以导线上各点为圆心的同心圆，这些同心圆都在与导线垂直的平面上，如图 6-10 所示。实验表明，改变电流的方向，各点的磁场方向都会随之改变。

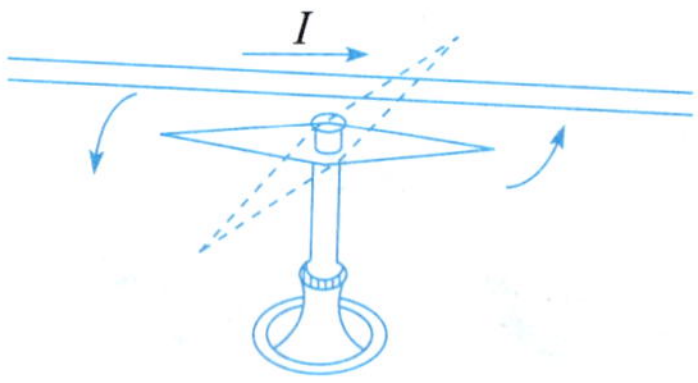

图 6-9　通电直导线产生磁场

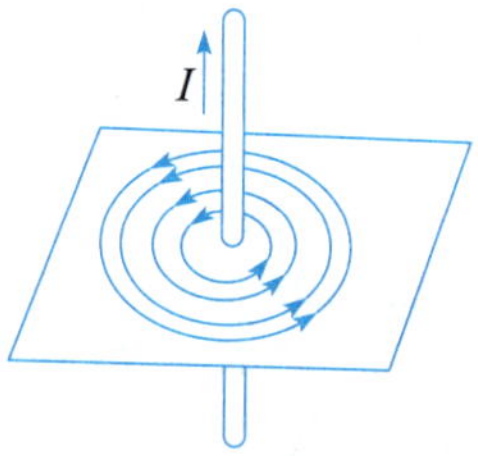

图 6-10　通电直导线的磁场分布

磁力线的方向与电流方向之间的关系可用安培定则（又称右手螺旋定则）来判定。如图 6-11 所示，用右手握住通电直导线，让拇指指向电流方向，则四指环绕的方向就是磁力线的方向。

（2）通电螺线管的磁场。

通电螺线管表现的磁性类似条形磁铁，一端相当于 N 极，另一端相当于 S 极，如果改变电流方向，它的 N 极、S 极随之改变。通电螺线管的磁力线是一些穿过线圈横截面的闭合曲线，它的方向与电流方向之间的关系也可以用安培定则判定。如图 6-12 所示，用右手握住螺线管，弯曲的四指指向线圈电流方向，则拇指方向就是螺线管内的磁场方向，即大拇指指向通电螺线管的 N 极。

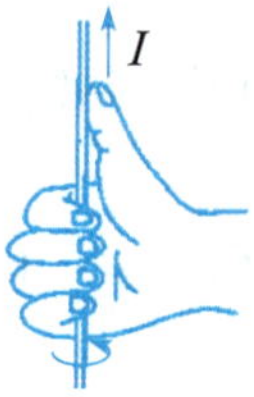

图 6-11　通电直导线磁场的判定

图 6-12　通电螺线管磁场的判定

笔记栏

（二）磁场的基本物理量

微课：磁路物理量

为了学习变压器、电机等电气设备的工作原理和应用，需要先掌握磁场的有关知识。磁场的特性可用下列基本物理量表示。

1. 磁通（Φ）

虽然可以用磁力线的多少和疏密程度来形象地描述磁场在空间的分布情况，但这也只能定性分析。为此，人们引入了磁通这一物理量来定量地描述磁场在一定面积上的分布情况。

穿过某一截面积 S 的磁力线的总数就是通过该截面积的磁通。磁通的单位是韦伯（Wb），简称韦。

当面积一定时，通过该面积的磁通越大，磁场就越强。这一点在工程上有极其重要的意义。如变压器、电磁铁等铁芯材料的选用，希望通电线圈产生的全部磁力线尽可能多地通过铁芯的截面，以提高效率。

2. 磁感应强度（B）

磁感应强度是描述空间某点磁场强弱和方向的物理量，是一个矢量。磁感应强度的方向可根据产生磁场的电流方向，用右手螺旋定则来判定。磁力线上某点的切线方向就是该点磁感应强度的方向。磁感应强度的单位为特斯拉（T）。

垂直穿过单位面积的磁力线数的多少反映此处的磁感应强度的大小，所以磁感应强度又称为磁通密度。在各点磁感应强度大小相等、方向相同的均匀磁场中，磁感应强度也可以用与磁场垂直的单位面积上的磁通来表示，即

$$\Phi = BS$$

在电动机中，铁芯气隙中的磁感应强度通常为 0.4～0.5T，铁芯中约为 1～1.8T。若磁场中各点的磁感应强度的大小和方向相同，这种磁场就称为均匀磁场。在均匀磁场中，磁力线是间距相等的平行直线。

3. 磁导率（μ）

如果用一个插有铁棒的通电线圈去吸引铁屑，然后把通电线圈中的铁棒换成铜棒再去吸引铁屑，就会发现在电流大小不变的情况下，两种状态磁场的吸力大小不同，前者比后者大得多。这表明不同的媒介质对磁场的影响不同，即磁感应强度与磁场内介质的性质有关。

磁导率又称为导磁系数，是衡量物质导磁能力的物理量，表示磁场中介质导磁性能的强弱，其单位是亨利/米（H/m）。自然界中的物质，就导磁能力来说，大体可分为磁性材料和非磁性材料两大类。非磁性材料，如铜、铝、空气等，它们的导磁能力很差，磁导率接近于真空的磁导率 μ_0（$\mu_0 = 4\pi \times 10^{-7}$ H/m），且为常数。磁性材料，如铁、钴、镍及其合金，它们的导磁能力很强，磁导率可以是真空磁导率 μ_0 的数百乃至数万倍，而且不是常数。各种材料的磁导率通常用真空磁导率 μ_0 的倍数表示，称为相对磁导率 μ_r，即

$$\mu_r = \frac{\mu}{\mu_0}$$

式中，μ_r 为相对磁导率；μ 为任一物质的磁导率；μ_0 为真空的磁导率。

根据磁导率的大小，可把物质分为以下三类：

（1）顺磁物质，如空气、铝、铬、铂等，其相对磁导率稍大于 1。

（2）反磁物质，如氢、铜等，其相对磁导率稍小于 1。顺磁物质与反磁物质一般被称为非磁性材料。

笔记栏

(3) 铁磁物质，如铁、钴、镍、硅钢、铁镍合金、铁氧体等，其相对磁导率远大于 1，可达几百甚至数万以上，且不是常数。铁磁物质被广泛应用于电工技术及计算机技术等领域。

4. 磁场强度 (H)

同一通电线圈内的磁场强弱（用磁感应强度表征），不仅与所通电流的大小有关，而且与线圈内磁场介质的导磁性能有关。由于不同介质的磁导率不同，而且磁性材料的磁导率不是常数，因此使得对磁场的分析与计算变得复杂和困难。为了简化磁场的分析难度，便于计算，人们引入了一个不考虑介质影响的物理量——磁场强度，它是矢量，可以表达磁场与产生该磁场的电流之间的关系。

在通电线圈中，磁场强度只与电流的大小有关，而与线圈中被磁化的物质，即与物质的磁导率无关。但通电线圈中的磁感应强度的大小却与线圈中被磁化的物质的磁导率有关。磁场强度由磁感应强度与磁导率的比值决定，即磁场强度为

$$H=\frac{B}{\mu}$$

二、电磁感应

（一）电磁感应现象

电能生磁，磁也可以产生电。丹麦物理学家奥斯特发现了电流的磁效应之后，英国科学家法拉第在 1831 年发现了磁能够转换为电能的现象及其规律——电磁感应定律。

当导体做切割磁力线运动或者穿过线圈的磁通发生变化时，在导体或线圈中都会产生感应电动势。若导体或线圈构成闭合回路，则导体或线圈中将有电流流过。导体中的电流是由穿过线圈的磁通变化引起的，这种由于磁通变化而在导体或线圈中产生感应电动势的现象称为电磁感应。由电磁感应产生的电动势称为感应电动势，由感应电动势产生的电流称为感应电流。

（二）电磁感应定律

1. 法拉第电磁感应定律

由电磁感应现象可知：条形磁铁插入或拔出线圈的速度越快，电流表指针偏转角度越大，说明线圈中产生的感应电动势就越大；条形磁铁插入或拔出的速度越慢，电流表指针偏转角度越小，说明线圈中产生的感应电动势就越小。

线圈中感应电动势的大小与通过该线圈的磁通变化率成正比。这一规律称为法拉第电磁感应定律。

设 Δt 时间内通过线圈的磁通量为 $\Delta\Phi$，则单匝线圈中产生的感应电动势的平均值为

$$e=\left|\frac{\Delta\Phi}{\Delta t}\right|$$

对于 N 匝线圈，其感应电动势为

$$e=N\left|\frac{\Delta\Phi}{\Delta t}\right|$$

式中，e 为产生的感应电动势 (V)；N 为线圈的匝数；$\Delta\Phi$ 为线圈中的磁通变化量 (Wb)；Δt 为磁通变化所需要的时间 (s)。

法拉第电磁感应定律表明，线圈中感应电动势的大小取决于线圈中磁通的变化率，而与线

笔记栏

圈中磁通本身的大小无关。如果$\frac{\Delta\Phi}{\Delta t}=0$，则$e=0$；$\frac{\Delta\Phi}{\Delta t}$越大，则$e$越大。当$\frac{\Delta\Phi}{\Delta t}=0$时，即使线圈中磁通再大，也不会产生感应电动势。电磁感应现象的本质是穿过线圈的磁场大小发生变化。

由电磁感应定律可推导出直导体切割磁力线所产生的感应电动势的大小，即

$$e=Blv\sin\alpha$$

式中，B为磁场中的磁感应强度（单位T）；l为导体在磁场中的有效长度（单位m）；v为导体在磁场中的运动速度（单位m/s）；α为导体运动方向与磁力线的夹角。

2. 楞次定律

电磁感应定律解决了感应电动势大小的计算问题，那么感应电动势的方向如何判断呢？物理学家楞次概括了各种实验结果后，得出以下结论：感应电流产生的磁场总是阻碍引起感应电流的磁通量的变化。这就是楞次定律。

楞次定律也可以这样理解：当穿过线圈的磁通（原有的磁通）变化时，感应电动势的方向总是企图使它的感应电流产生的磁通阻止原有磁通的变化，即当线圈原磁通增加时，感应电流就要产生与它方向相反的磁通去阻碍它的增加；当线圈中的磁通减少时，感应电流就要产生与它方向相同的磁通去阻碍它的减少。

【例6-1】 如图6-13所示，当磁铁的S极插入和拔出线圈时，试确定感应电流的方向。

解： 当磁铁的S极插入线圈时，线圈中原磁场方向向上，且穿过线圈的磁通量是增加的。由楞次定律可知感应电流产生的磁场方向与原磁场方向相反，即感应电流产生的磁场方向向下。根据安培定则可以确定，感应电流的方向为图6-13（a）中线圈上箭头所示的方向。

当磁铁的S极从线圈拔出时，线圈中原磁场方向仍向上，但穿过线圈的磁通量是减少的。由楞次定律可知感应电流产生的磁场方向与原磁场方向相同，即感应电流产生的磁场方向向上。根据安培定则可以确定，感应电流的方向为图6-13（b）中线圈上箭头所示的方向。

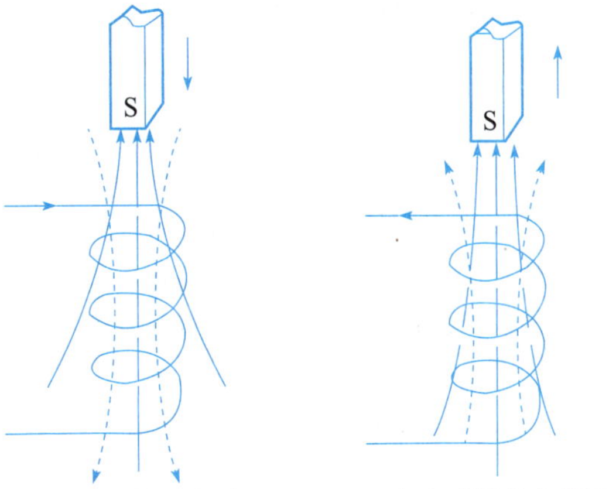

（a）磁铁插入线圈　　（b）磁铁拔出线圈

图6-13　磁铁与线圈

综合楞次定律，对于N匝线圈，电磁感应定律表达式为

$$e=-N\frac{\Delta\Phi}{\Delta t}$$

式中，负号表示感应电动势的方向总是使感应电流产生的磁通阻碍原磁通的变化。

三、自感与互感

当作用在线圈上的磁通发生变化时，便会产生电磁感应现象。根据磁通发生变化的原因，电磁感应现象可分为自感和互感两种形式。

（一）自感

1. 自感现象

观察图6-14所示的实验电路，合上开关S，调节变阻器R的电阻，使两个同样规格的灯

笔记栏

泡 A_1 和 A_2 达到相同的亮度。再调节变阻器 R_1 使两个灯泡都正常发光，然后断开开关 S。当电路再接通时可以看到，与电阻 R 串联的灯 A_2 立刻达到了正常的亮度，而与有铁芯的线圈 L 串联的灯泡 A_1 却较慢地达到正常亮度。为什么会出现这样的现象呢？这是因为在接通电路的瞬间，通过线圈 L 的电流增强，线圈中的磁通也随着增加，在线圈 L 中产生了感应电动势，由楞次定律可知，这个感应电动势阻碍通过线圈的电流增大，所以灯 A_1 只能较慢达到正常亮度。

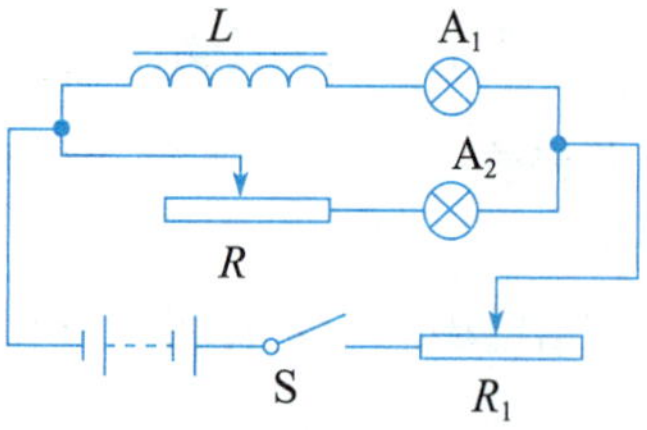

图 6-14　自感现象实验电路

可见，当线圈中的电流发生变化时，线圈本身会产生感应电动势，这个电动势总是阻碍线圈中电流的变化，这种线圈由于本身的电流发生变化而产生感应电动势的现象称为自感现象，简称自感。在自感现象中产生的感应电动势，称为自感电动势，通常用 e_L 表示。

2. 自感系数

当一个线圈中通有变化的电流后，使该线圈中每匝线圈具有的磁通 Φ 称为自感磁通。而整个线圈具有的磁通称为自感磁链，用字母 Ψ 表示。则

$$\Psi=N\Phi$$

线圈中通过单位电流所产生的自感磁链称为自感系数，也称电感量，简称电感，用 L 表示，即

$$L=\frac{\Psi}{i}$$

式中，Ψ 为由自身线圈的电流所产生的自感磁链（Wb）；L 为线圈的电感量（H）。

电感量是衡量线圈通过单位电流时能够产生自感磁链本领的物理量。其单位是亨利，用符号 H 表示。线圈中通过 1A 的电流能够产生 1Wb 的自感磁链，则该线圈的电感量就是 1H。在实际应用中，电感量的常用单位还有 mH（毫亨）、μH（微亨），它们的换算关系为

$$1\text{H}=1\times10^3\text{mH}$$
$$1\text{mH}=1\times10^3\mu\text{H}$$

应当指出，线圈的电感是由线圈本身的特性决定的，它与线圈的尺寸、匝数和媒介质的磁导率有关（一般情况下，匝数越多、横截面积越大、线圈越长，L 就越大），而线圈中是否有电流或电流的大小都不会使线圈电感改变。对于空心线圈，由于空气的磁导率是恒定不变的，所以其电感是一个常数，这种电感称为线性电感；对于具有铁芯的线圈，由于铁磁材料的磁导率不是一个常数，所以其电感也不是一个定值，这种电感称为非线性电感。

在电路图中，常用线圈的表示方法如图 6-15 所示。

（a）铁芯电感线圈　（b）空心电感线圈　（c）实际电感线圈

图 6-15　常用线圈的表示方法

3. 自感电动势

（1）自感电动势的大小。

根据电磁感应定律，对于一个 N 匝的线性电感线圈，其感应电动势的大小为

$$e=-N\frac{\Delta\Phi}{\Delta t}=-\frac{\Delta\Psi}{\Delta t}$$

笔记栏

经推导，得自感电动势为

$$e_L=-L\frac{\Delta i}{\Delta t}$$

式中，$\frac{\Delta i}{\Delta t}$为电流对时间的变化率（A/s）。

自感电动势的表达式表明，自感电动势的大小与线圈中电流的变化率成正比。若线圈中电流恒定，则自感电动势的大小等于零，即线圈中通过直流电时不产生自感现象。

若线圈中的电流变化率相同，显然电感 L 越大的线圈所产生的自感电动势越大，自感作用越强，所以电感量 L 也反映了线圈产生自感电动势的能力。

（2）自感电动势的方向。

自感电动势的方向仍可以根据楞次定律来判定。自感电动势表达式中的负号正是楞次定律的反映，它表明自感电动势的方向总是和原电流变化的趋势（增大或减小）相反。

4. 电感线圈中的磁场能量

电感线圈和电容器都是储能元件。当电流产生磁场时，电能转化为磁场能量，储存在电感线圈内部；而磁场能量又可以通过电磁感应的作用，转化为电能。电感线圈的磁场能量的计算公式，在形式上与电场能量的计算公式相似。实践表明：电感线圈的磁场能量与线圈所通过的电流的二次方及线圈电感的乘积成正比，即

$$W_L=\frac{1}{2}LI^2$$

式中，W_L 为电感线圈的磁场能量（J）。

当线圈中通有电流时，线圈中就要储存磁场能量，通过线圈的电流越大，储存的磁场能量就越多。在通有相同电流的线圈中，电感越大的线圈，储存的能量越多。从能量的角度看，线圈的电感值表征了它储存磁场能量的能力。

需要指出的是，该能量计算公式只可用于计算空心线圈的磁场能量。对于铁芯线圈，由于电感 L 不是常数，因此该公式并不适用。

（二）互感

如图6-16所示的电路中，线圈1和线圈2靠得很近，在线圈2两端接一个灵敏电流计。在开关S闭合瞬间，可观察到电流计指针偏转了一下后又回到零位。这种现象的原因是开关闭合的瞬间，线圈1中产生了变化的磁通 Φ_1，其中一部分磁通 Φ_{12} 穿过线圈2，使线圈2中产生了感应电动势 e_{M2}，由此产生感应电流，使电流计指针发生偏转。S闭合后，因线圈1的电流恒定不变，不再发生上述过程，因而没有电流流过电流计，指针便回到零位。

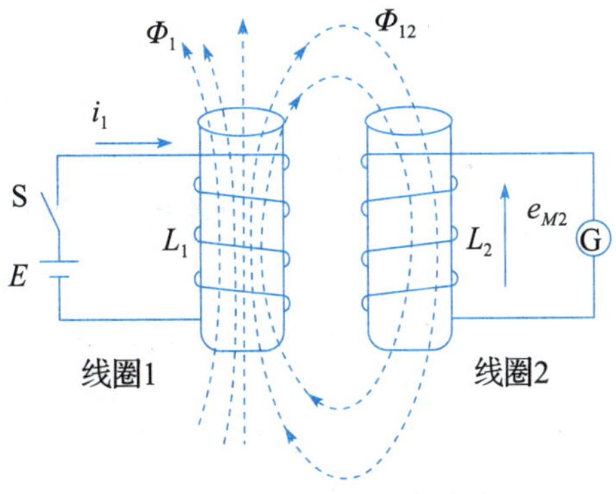

图6-16 互感现象实验电路

这种由于一个线圈的电流变化，而在另一个线圈中产生感应电动势的现象称为互感现象，简称互感。对比自感现象可知，自感是线圈自身发生的电磁感应，而互感是具有磁耦合关系的两个（或多个）线圈发生的电磁感应，其本质是一样的。

笔记栏

1. 互感系数

在两个有互感耦合的线圈中，互感磁链与产生此磁链的电流的比值，称为这两个线圈的互感系数，简称互感，其表达式为

$$M=\frac{\Psi_{12}}{i_1}=\frac{\Psi_{21}}{i_2}$$

由上式可知，两个线圈中，当其中一个线圈中通有 1A 电流时，在另一个线圈中产生的互感磁链数，就是两线圈的互感系数。互感系数的单位和自感系数一样，也是亨（H）。互感系数反映了一个线圈对另一个线圈产生互感磁链的能力，它的大小仅取决于互感线圈的结构形式、材料性质等自身参数。

2. 互感电动势

由互感现象产生的感应电动势称为互感电动势，用 e_M 表示。

假定有两个靠得很近的线圈，若线圈 1 中的电流 i_1 发生变化，将在线圈 2 中产生互感电动势 e_{M2}，根据法拉第电磁感应定律，可得

$$e_{M2}=-N_2\frac{\Delta\Phi_{12}}{\Delta t}=-\frac{\Delta\Psi_{12}}{\Delta t}$$

经推导可得

$$e_{M2}=-\frac{\Delta\Psi_{12}}{\Delta t}=-\frac{\Delta Mi_1}{\Delta t}=-M\frac{\Delta i_1}{\Delta t}$$

同理，当线圈 2 中的电流变化时，线圈 1 中也要产生互感电动势，即

$$e_{M1}=-M\frac{\Delta i_2}{\Delta t}$$

由此可见，互感电动势的大小与互感系数的大小成正比，与另外一个线圈的电流变化率成正比。

互感现象在电工和电子技术中的应用是非常广泛的，如电力变压器、电流互感器、电压互感器等都是根据互感原理工作的。

3. 互感线圈的同名端

在电力系统中，经常会用到三相电力变压器，电力变压器的三相绕组为星形或三角形联结时，绕组首尾端不能接错，否则会导致严重故障。对于电子线路中的振荡电路，其起振条件之一是电路要为正反馈，互感线圈的极性也必须连接正确，电路才能正常工作。所以判断线圈的缠绕方向甚为重要。

如图 6-17 所示，设 i_1 增加，其磁通 Φ 也要增加，根据楞次定律可知，这时感应电流的磁通 Φ' 的方向与 Φ 相反，用右手螺旋定则可以判断出感应电流 i_1'、i_2' 分别从端点 1、3 流出，即端点 1、3 为感应电动势的正极，端点 2、4 为负极；如果 i_1 减少，则端点 1、3 为感应电动势的负极，端点 2、4 为正极。进一步分析可知，无论电流如何变化，端点

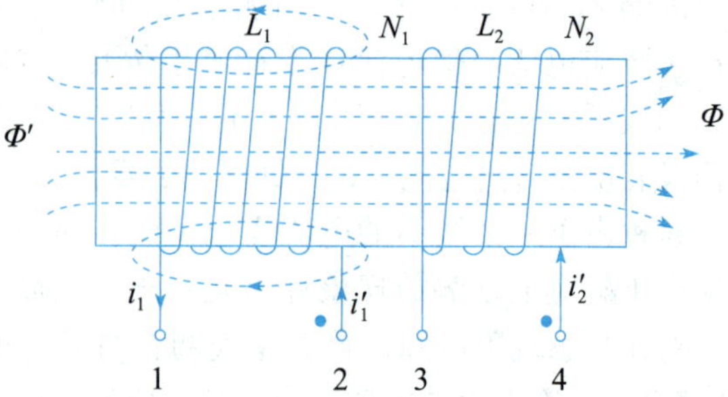

图 6-17　互感线圈的同名端

1与3、2与4的极性永远保持相同。

在同一变化磁通的作用下，两个互感线圈感应电动势极性相同的一对端点称为同名端，感应电动势极性相反的一对端点称为异名端。同名端一般用符号“•”表示。

互感线圈的同名端是由两个线圈的绕向所决定的，缠绕方向相同的线圈那一端即为同名端。有了同名端，就可以通过电路原理图来画互感线圈，而不必把线圈的绕法与结构全部画出来。如图6-18所示为图6-17的电路原理图。

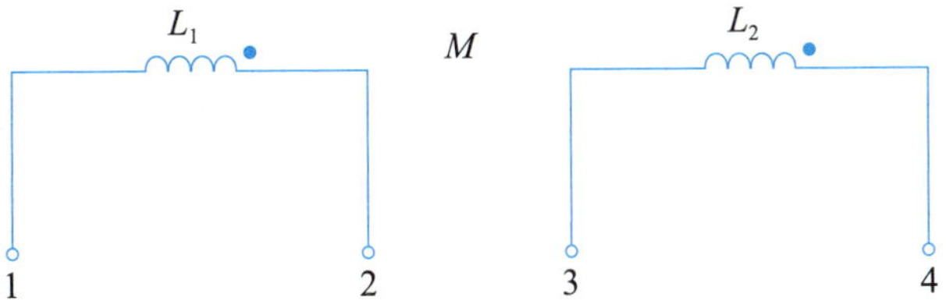

图6-18 用同名端表示互感线圈

四、磁路及其基本定律

（一）磁路的基本概念

为了使较小的励磁电流产生足够强的磁场，大多数电气设备都具有铁芯，用于缠绕励磁线圈。由于铁芯的磁导率比周围空气或其他非铁磁材料的磁导率大很多倍，所以磁力线几乎全部从铁芯中通过而形成闭合路径。这种约束在铁芯所限定的范围内的磁通路径，称为磁路。在变压器、电机等设备中既有电路部分又有磁路部分，二者互相结合，是电气设备的基本组成。

当线圈中通过电流时，大部分磁通沿铁芯、衔铁和工作气隙构成回路，这部分磁通称为主磁通，如图6-19所示。还有一小部分磁通，它们没有经过铁芯、衔铁和工作气隙构成的回路，而是经空气自成回路，这部分磁通称为漏磁通。

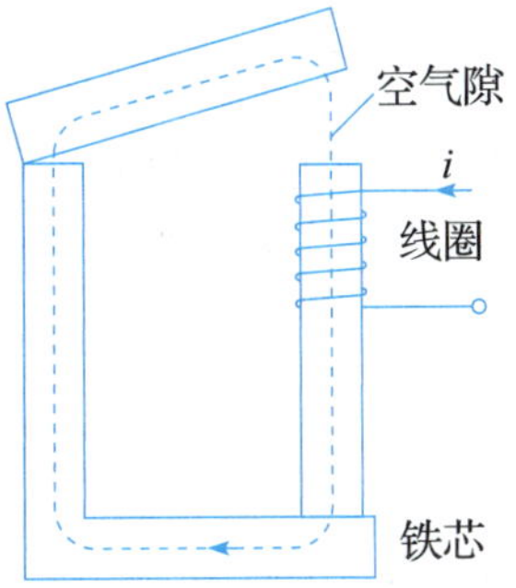

图6-19 主磁通磁路

如图6-20所示为常见电气设备的磁路。图6-20（a）所示为单相变压器的磁路，由同一种铁磁材料组成，各段铁芯的横截面积相等，这样的磁路称为均匀磁路。图6-20（b）所示为直流电机的磁路，图6-20（c）所示为电磁型继电器的磁路，这两种磁路常由几种不同的物质构成，而且磁路中都有很短的空气隙，各段磁路的横截面积也不一定相等，这种磁路称为不均匀磁路。

与电路类似，磁路也分为有分支磁路和无分支磁路。图6-20（a）、图6-20（b）所示为无分支磁路，图6-20（c）所示为有分支磁路。

微课：磁路欧姆定律

（二）磁路欧姆定律

磁路的分析和计算与电路的分析和计算一样，要用到一些定律，其中最基本的是磁路欧姆定律。通过实验发现，励磁电流 I 越大，通电线圈产生的磁场就越强；线圈的匝数 N 越多，通电线圈产生的磁场也越强。励磁线圈匝数 N 和励磁电流 I 的乘积称为磁通势 F。意为磁路中磁通势是磁场的源头，类似电路中电动势是电流的源头。

$$F=NI$$

通电线圈中的磁通 Φ 由磁通势 F 产生，它的大小除与磁通势有关，还与下列因素有关：当磁通势一定时，铁芯材质的磁导率 μ 越高，磁通就越多；铁芯磁路截面积 S 越大，磁通也越

笔记栏

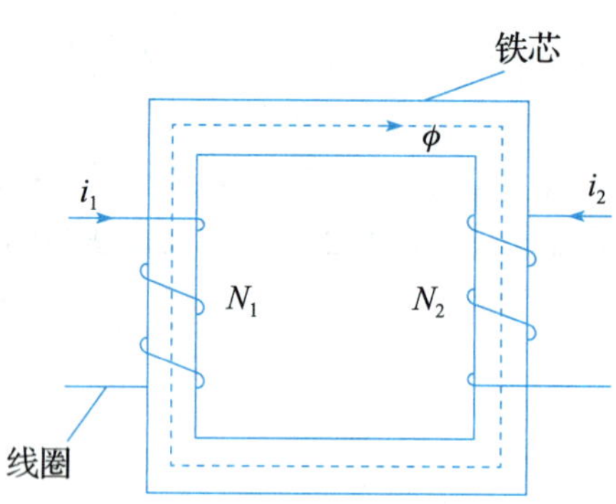

（a）单相变压器的磁路

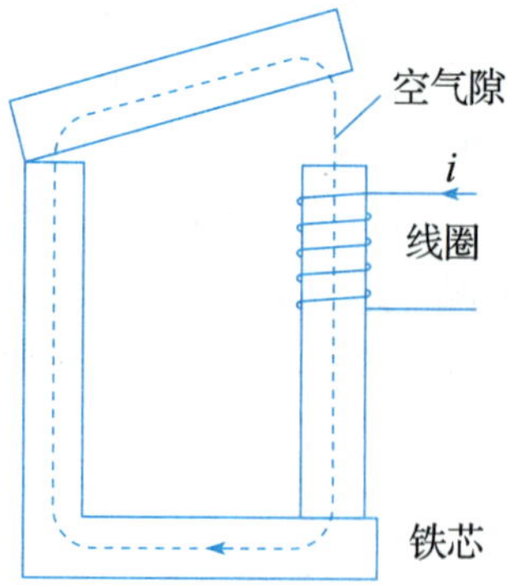

（b）直流电机的磁路

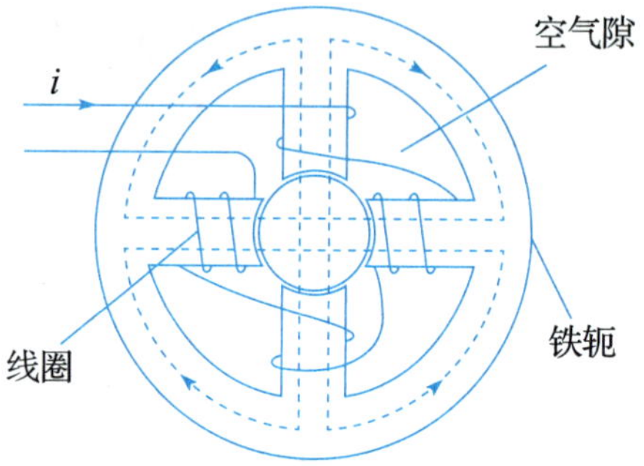

（c）电磁型继电器的磁路

图 6-20　常见电气设备的磁路

多；铁芯磁路 l 越长，磁通却越少。分析发现，当磁通势 F 一定时，Φ 与 μ、S 成正比，而与 l 成反比。它们之间的运算关系为

$$\Phi = F\frac{\mu S}{l} = \frac{F}{\dfrac{l}{\mu S}} = \frac{F}{R_m}$$

其中，R_m 为磁阻，是表示物质对磁通具有阻碍作用的物理量，其大小与磁路中磁性材料的材质及几何尺寸有关。上述表达式与电路中的欧姆定律在形式上相似，所以称为磁路欧姆定律。

由于铁磁材料的磁导率不是常数，磁路的磁阻也不是常数，因此磁路欧姆定律只适合对磁路进行定性分析，不适合进行定量计算。在磁路的计算中要用到磁场强度 H 这个物理量。

由于空气的磁导率远小于铁磁材料的磁导率，因此当磁路中有空气隙存在时，磁路的总磁阻将显著增加，此时，若保持磁路中的磁通一定，就必须增大磁通势 N_I。可见，空气隙虽小，磁阻却很大，影响很大，因此磁路中应尽量减小非必要的空气隙。

五、交流铁芯线圈电路

根据铁芯线圈通过的励磁电流性质不同，可将铁芯线圈分为直流铁芯线圈和交流铁芯线圈。直流铁芯线圈的励磁电流是直流电流，铁芯中产生的磁通是恒定的，在线圈和铁芯中不会产生感应电动势，其损耗仅仅是电流通过线圈做功的热损耗。交流铁芯线圈的励磁电流是交流电流，铁芯中产生的磁通是交变的，在线圈和铁芯中会产生感应电动势，存在着电磁关系、电压电流关系以及功率损耗等问题。

笔记栏

（一）电磁关系

如图 6－21 所示为交流铁芯线圈的电路图。当线圈通过励磁电流 i，则在铁芯中产生磁通势 N_i。磁通势 N_i 由两部分组成：工作磁通 Φ 和漏磁通 Φ_σ。主磁通是流经铁芯的工作磁通，漏磁通是由于空气隙或其他原因损耗的磁通，它不流经铁芯。主磁通和漏磁通都要在线圈中产生感应电动势，一个是主磁电动势 e，另一个是漏磁电动势 e_σ。

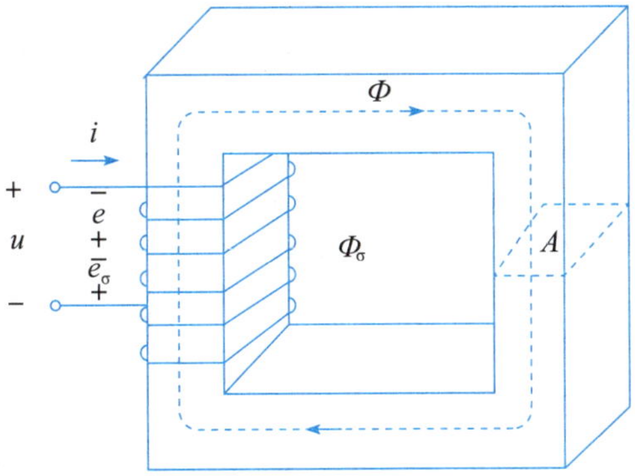

图 6－21　交流铁芯线圈的电路图

由于主磁通 Φ 是流经铁芯的，铁芯的磁导率 μ 是随磁场强度 H 变化的，因此铁芯线圈的励磁电流 i 和主磁通 Φ 不呈线性关系；而漏磁通 Φ_σ 不流经铁芯，其漏磁电感 L_σ 可近似为一个定值，因此励磁电流 i 和漏磁通 Φ_σ 呈线性关系。

（二）电压电流关系

交流铁芯线圈电路中的电压电流关系较为复杂，通过电磁感应定律和基尔霍夫定律推导及分析，可得出以下关系式

$$U \approx E = 4.44fN\Phi_m = 4.44fNB_mS$$

微课：交流铁芯线圈

上述公式表明：若电源频率和线圈匝数 N 一定时，主磁通的大小基本上由电源电压决定。若电压有效值不变，则主磁通大小也不变；若电压变化，则主磁通将随电压成正比变化，与磁路情况（磁路介质和几何尺寸）无关。这与直流铁芯线圈不同，对于直流铁芯线圈，若电压改变，电流也随之改变，如磁路情况变化，则铁芯磁通大小便就随之变化。

对于交流铁芯线圈来讲，当电压、频率、线圈匝数一定时，Φ_m 基本保持不变，即交流铁芯线圈具有恒磁通特性。

（三）功率损耗

与直流铁芯线圈不同，交流铁芯线圈的功率损耗除了有铜损，还有由于铁芯的交变磁化作用产生的铁损。所以，交流铁芯线圈的功率损耗为

$$P = UI\cos\varphi = RI^2 + \Delta P_{Fe}$$

铜损是因为铁芯线圈有电阻 R，当电流通过电阻时会产生热损耗。

铁损由磁滞损耗和涡流损耗两部分组成，是线圈通以交流电时线圈交变磁化时的铁芯损耗，会使铁芯发热，导致交流电机、变压器及其他交流电气设备的功率损耗增大，效率降低。

1. 磁滞损耗

磁滞现象使铁磁材料在交变磁化过程中产生磁滞损耗，这是因为铁磁材料内部的小磁畴在交变磁化过程中来回转向，相互牵连摩擦会引起发热而损耗能量。研究证明，交变磁化一周后，单位体积铁芯内产生的磁滞损耗与磁滞回线所包围的面积成正比。软磁材料的磁滞损耗小，适合用作交流电气设备的铁芯。

2. 涡流损耗

铁磁材料在交变磁化过程中还会发生涡流损耗。铁磁材料不仅是导磁材料，还是导电材料。当铁芯中的磁通发生变化时，铁芯中会产生感应电动势和感应电流。这种感应电流在垂直

笔记栏

于磁力线的平面内，呈涡旋状分布，因而称为涡流，如图 6-22（a）所示。涡流在铁芯的电阻上引起的功率损耗称为涡流损耗。

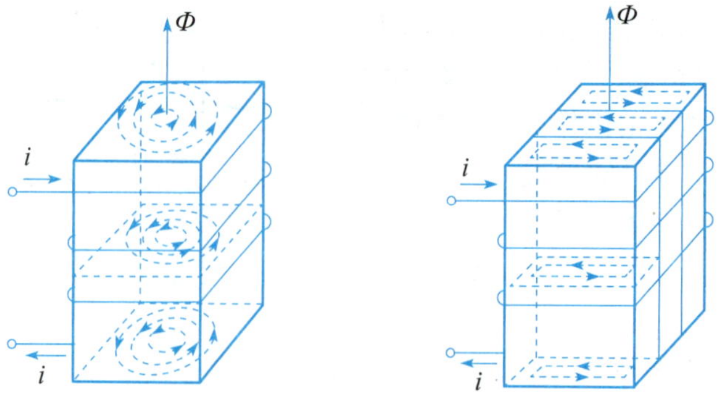

（a）涡旋状分布的涡流　（b）硅钢片叠成铁芯可限制涡流

图 6-22　铁芯中的涡流

涡流损耗会使铁芯发热。为减小涡流损耗，可在顺磁力线的方向上，用彼此绝缘的硅钢片叠成铁芯，如图 6-22（b）所示。这种方法可将涡流限制在较小的截面内流通，而且硅钢的电阻率较大，使得涡流及涡流损耗大大减小。

六、单相变压器

（一）变压器的基本构造

变压器主要由铁芯和线圈（又称绕组）两部分组成。

铁芯是变压器的磁路通道。为了减小涡流损耗和磁滞损耗，铁芯是用磁导率较高的两面涂有绝缘漆的硅钢片叠装而成的。在交流电频率为 50Hz 的变压器中，每一硅钢片的厚度约为 0.35～0.5mm（对于要求高的变压器，会用 0.2mm 硅钢片或其他合金材料制成铁芯）。为了保证耦合性能，铁芯都做成闭合形状，线圈绕在铁芯柱上。按照铁芯构造形式，可分为心式和壳式两种。心式铁芯呈“口”字形，线圈包着铁芯，如图 6-23（a）所示，多用于容量较大的变压器；壳式铁芯呈“日”字形，铁芯包着线圈，如图 6-23（b）所示，多用于容量较小的变压器。

动画：变压器

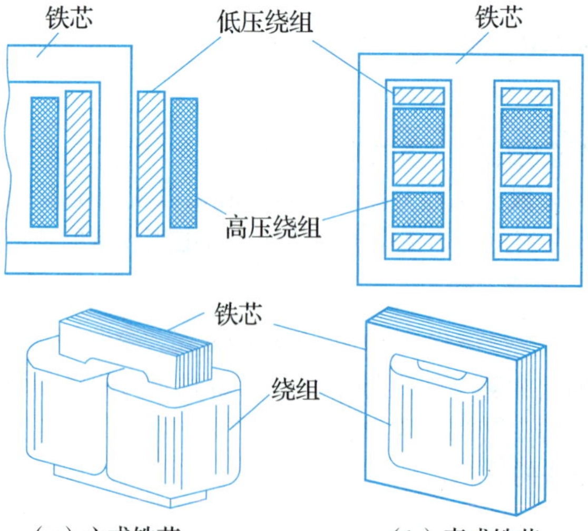

（a）心式铁芯　（b）壳式铁芯

图 6-23　变压器的铁芯结构

笔记栏

线圈是变压器的电路部分，按结构分为高压绕组（电压较高，匝数较多）和低压绕组（电压较低，匝数较少）。线圈是用具有良好绝缘的漆包线、纱包线或丝包线绕成的。工作时，与电源相连的线圈称为原绕组（初级绕组或一次绕组），其电磁量用下标数字“1”表示；与负载相连的线圈称为副绕组（次级绕组或二次绕组），其电磁量用下标数字“2”表示。

通常，电力变压器将电压较低的线圈安装在靠近铁芯柱的内层，这是因为低压线圈和铁芯间所需的绝缘比较简单，电压较高的线圈则安装在外面。对于频率较高的变压器，为了减少漏磁通和分布电容，常把初、次级线圈分为若干部分，分格分层并交叉绕制。绝缘是变压器制造时应考虑的主要问题，线圈的区间和层间都要绝缘良好，线圈和铁芯，不同线圈之间更要绝缘良好。为了提高变压器的绝缘性能，在制造时要进行去潮处理（浸漆、烘烤、灌蜡、密封等）。为了实现良好的电磁屏蔽，往往要用铁壳或铝壳将变压器罩起来，原、副绕组间还要加一层金属静电屏蔽层。除此之外，由于变压器运行时，线圈的铜损耗和铁芯的铁损耗要产生热量，为防止变压器过热损坏，必须采用一定的冷却方式或设置散热装置。

（二）单相变压器的工作原理

变压器是按电磁感应原理工作的。如果把变压器的原绕组接在交流电源上，在原绕组中就有交流电流流过，交变电流将在铁芯中产生交变磁通，这个变化的磁通经过闭合磁路，同时穿过原绕组和副绕组。交变磁通将在线圈中产生感应电动势，因此，在变压器原绕组中产生自感电动势的同时，在副绕组中也产生了互感电动势。这时，如果在副绕组上接负载，那么电能将通过负载转换成其他形式的能。

如图 6－24 所示为单相变压器工作原理示意图。闭合铁芯是变压器的磁路部分，缠绕在铁芯上的绕组是变压器的电路部分。接交流电源的绕组 AX 为原绕组，接负载的绕组 ax 为副绕组。原、副绕组的匝数分别为 N_1 和 N_2。

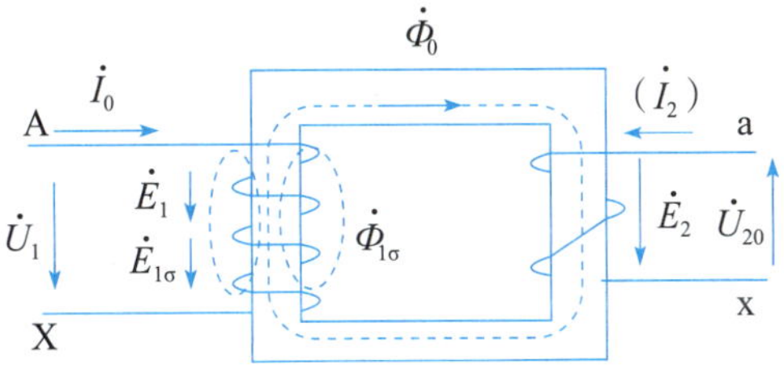

图 6－24 单相变压器工作原理示意图

1．变压器的空载运行

变压器的初级绕组加额定电压、次级绕组开路（不接负载）的情况，称为空载运行。

当初级绕组接电源电压 u_1，初级绕组中通过的电流称为空载电流，用符号 i_0 表示。i_0 建立了变压器铁芯中的磁场，故又称为励磁电流。由于变压器铁芯由硅钢片叠成，而且是闭合的，即气隙很小，因此建立工作磁通（主磁通）Φ 所需的励磁电流并不大，其有效值约为初级绕组额定电流（长期连续工作允许通过的最大电流）的 2.5%～10%。主磁通在初级绕组中产生的感应电动势为

$$E_1=-j4.44fN_1\Phi_m$$

式中，N 为初级绕组匝数；f 为电源频率；Φ_m 为主磁通的最大值。

同理，次级绕组中的感应电动势为

$$E_2=-j4.44fN_2\Phi_m$$

因此

$$\frac{E_1}{E_2}=\frac{N_1}{N_2}=K$$

式中，K 为变压器绕组的匝数比。显然，初级、次级绕组的感应电动势之比等于绕组的匝数比，即变压比（简称变比），实践证明

微课：变压器的工作原理

笔记栏

$$U_1 \approx E_1$$

由于次级绕组开路，$i_2=0$，因此开路电压

$$U_{20} \approx E_2$$

经过推导可以得出

$$\frac{U_1}{U_{20}} \approx \frac{E_1}{E_2} = \frac{N_1}{N_2} = K$$

上述表达式表明：初级、次级绕组的电压比等于匝数比，只要改变初级、次级绕组的匝数比，就可以进行电压变换，绕组匝数多的一侧电压高。

2. 变压器的负载运行

变压器的初级绕组接电源电压 u_1，次级绕组接负载 Z_{fx} 时的运行情况，称为变压器的负载运行，电路如图 6-25 所示。

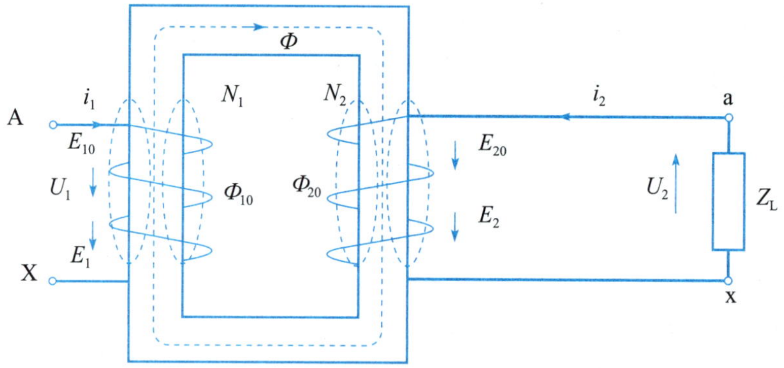

图 6-25　变压器的负载运行

由于变压器接通负载，感应电动势 E_2 将在次级绕组中产生电流 I_2，初级绕组中的电流由 I_0 变化为 I_1。因此负载运行时，变压器铁芯中的主磁通 Φ 由磁动势 I_1N_1 和 I_2N_2 共同作用产生。根据恒磁通原理，由于负载和空载时初级电压 U_1 不变，因此铁芯中主磁通的最大值不变，故磁动势

$$I_1N_1+I_2N_2=I_0N_1$$

这是变压器接负载时的磁动势平衡方程式。由于空载电流比较小，与负载时电流相比，可以忽略空载磁动势 $I_{10}N_1$，因此

$$I_1N_1+I_2N_2 \approx 0$$

改写为

$$\frac{I_1}{I_2} \approx \frac{N_2}{N_1} = -\frac{1}{K}$$

或写成有效值

$$\frac{I_1}{I_2} = \frac{1}{K}$$

上述表达式反映了变压器变换电流的功能，即初级、次级绕组的电流之比等于匝数比的倒

笔记栏

数。一般变压器的高压绕组匝数多而通过的电流小，可用较细的导线绕制；低压绕组的匝数少而通过的电流大，应用较粗的导线绕制。

变压器铭牌上常用分数形式标出额定电流值，数值大的为低压绕组额定电流值，数值小的为高压绕组额定电流值。

负载运行时

$$U_1 \approx -E_1$$
$$U_2 \approx -E_2$$

或写成有效值

$$U_1 \approx E_1 = 4.44fN_1\Phi_m$$
$$U_2 \approx E_2 = 4.44fN_2\Phi_m$$

因此可得

$$\frac{U_1}{U_2} \approx \frac{E_1}{E_2} = \frac{N_1}{N_2} = K$$

上述公式表明：变压器初级、次级绕组的电压比等于匝数比的结论不仅适用于变压器的空载运行，也适用于变压器的负载运行，只不过负载运行时的误差比空载运行时稍大一些。如果 $N_1 < N_2$，则 $U_1 < U_2$，变压器使电压升高，这种变压器称为升压变压器。如果 $N_1 > N_2$，则 $U_1 > U_2$，变压器使电压降低，这种变压器称为降压变压器。

将初级绕组加额定电压（$U_1 = U_{1N}$）时的次级绕组空载电压规定为次级绕组的额定电压 U_{2N}。变压器铭牌上标有 U_{1N}/U_{2N}，既标明了额定电压，也标明了变比。

变压器必须按照额定电压来使用，不能只看变比。如果所加初级电压高于额定值，变压器铁芯中的主磁通最大值 Φ_m 将随之增大，会导致铁芯过度饱和，励磁电流（即空载电流 I_{10}）和铁芯损耗将大大增加，这是不允许的。

3. 变压器的变换阻抗作用

如图 6 - 26（a）所示，负载接在变压器次级，虚线框部分可以用一个阻抗来等效代换，两者从电源取用的电压、电流和功率相同。

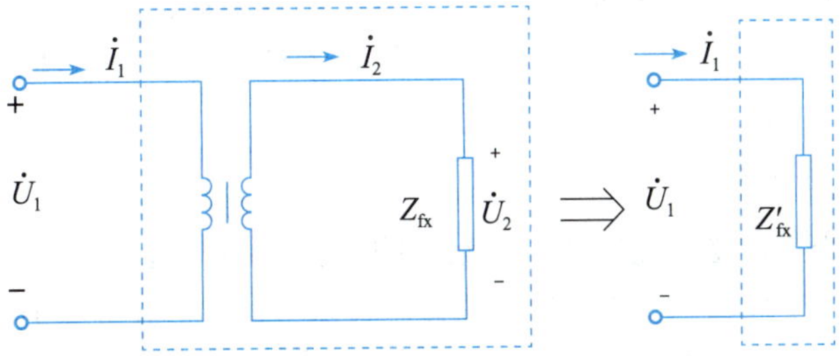

（a）原阻抗　　（b）等效阻抗

图 6 - 26　变压器的变换阻抗作用

由图 6 - 26（b）可知

$$Z'_{fx} = \frac{U_1}{I_1} \approx \frac{-KU_2}{-\frac{1}{K}I_2} = K^2\frac{U_2}{I_2} = K^2 Z_{fx}$$

笔记栏

在实际工作中，可以选用不同匝数比的变压器，将负载阻抗变换为所需要的阻抗值。电子电路中常利用变压器的这种阻抗变换作用实现阻抗匹配。

【例 6-2】 一只 8Ω 的扬声器，经初级绕组有 600 匝、次级绕组有 80 匝的输出变压器接入晶体管功率放大电路时，其等效负载 R' 电阻是多少？

解：

$$R'=K^2R_L=\left(\frac{600}{80}\right)^2\times 8\Omega=450\Omega$$

（三）变压器的外特性、损耗和效率

1. 变压器的外特性

由于变压器原、副绕组有电阻和漏电抗，当变压器负载工作时，负载电流流经漏阻抗，会在变压器内部产生电压降，因此变压器次级输出电压将随着负载电流的变化而变化。

当初级绕组上的外加电压和次级绕组的负载功率因数 $\cos\varphi_2$ 不变时，次级端电压 U_2 随负载电流 I_2 变化的规律，称为变压器的外特性。变压器的外特性曲线如图 6-27 所示。

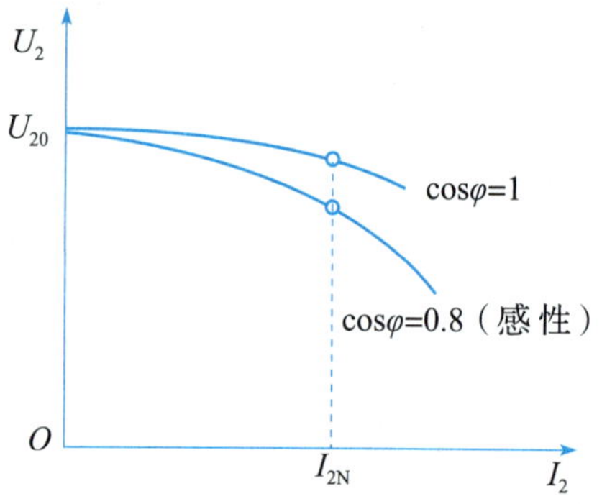

图 6-27 变压器的外特性曲线

从图中可以看出，负载性质和功率因数不同时，从空载（$I_2=0$）到满载（$I_2=I_{2N}$），变压器次级电压 U 的变化趋势和程度是不同的，我们用次级电压变化率（或称电压调整率）来表示。

次级电压变化率 $\Delta U(\%)$ 的规定：当初级接在额定电压和额定频率的交流电源上时，次级额定电压 U_{2N} 和在指定的功率因数下次级输出额定电流时的次级电压 U_2 的算术差，与次级额定电压 U_{2N} 的百分比，即

$$\Delta U(\%)=\frac{U_{2N}-U_2}{U_{2N}}\times 100\%$$

次级电压变化率 $\Delta U(\%)$ 是表征变压器运行性能的重要数据之一，它反映了变压器供电电压的稳定性。次级电压变化率 $\Delta U(\%)$ 的大小与变压器的参数和负载性质有关。一般电力变压器的次级电压变化率为 3%～5%。

2. 变压器的损耗和效率

在实际运行中，变压器是不能把从电网吸取的功率全部传递给负载的，这是因为在运行时变压器本身存在损耗。变压器负载运行时，初级从电源输入有功功率 P_1，其中很小一部分消耗在原绕组的电阻（称为初级铜损）和铁芯（称为铁损，包括磁滞损耗和涡流损耗）中，其余部分以主磁通为媒介通过电磁感应传递给副绕组，称为电磁功率。次级获得的电磁功率，除去副绕组的铜损，其余部分传输给负载，这就是变压器的输出功率 P_2。

原绕组输入功率

$$P_1=P_2+P_{Fe}+P_{Cu}$$

铁损 P_{Fe} 只与 U_1 有关（近似与 U_{21} 成正比），不随负载变化。

$$P_{Cu}=I_1^2R_1=I_2^2R_2$$

笔记栏

铜损随负载变化，一般变压器满载时铜损耗值比铁损大。变压器输入功率与输出功率之差就是其本身的总损耗，即

$$P_1 - P_2 = P_{损}$$

输出功率与输入功率之比称为变压器的效率 η，通常用百分数表示。即

$$\eta = \frac{P_2}{P_1} \times 100\% = \frac{P_2}{P_2 + P_{Fe} + P_{Cu}} \times 100\%$$

小型变压器满载时的效率为 80%～90%，大型变压器满载时的效率可达 98%～99%。

【例 6-3】 一台电源变压器，一次侧电压 $U_1 = 380V$，二次侧电压 $U_2 = 38V$，接电阻性负载时，二次侧电流 $I_2 = 4A$，已知变压器效率 $\eta = 0.8$。试求一次侧、二次侧功率，损耗功率及一次侧电流。

解： 二次侧功率为

$$P_2 = U_2 I_2 = 38 \times 4W = 152W$$

一次侧功率为

$$P_1 = \frac{P_2}{\eta} = \frac{152}{0.8}W = 190W$$

损耗功率为

$$P = P_1 - P_2 = (190 - 152)W = 38W$$

一次侧电流为

$$I_1 = \frac{P_1}{U_1} = \frac{190}{380}A = 0.5A$$

（四）单相变压器的额定值

变压器正常运行的状态和条件，称为变压器额定工作状况；变压器额定工作状况下的电压、电流和功率等参数，称为变压器的额定值。这些数据是正确使用变压器的依据。

变压器的铭牌上通常有以下内容：型号、额定电压、额定容量、额定电流、额定频率、联结组、空载电流、短路（阻抗）电压、效率、冷却方式与温升限值、重量、使用条件以及分接头和调压方式。

1. 额定电压

额定电压是根据变压器的绝缘强度和允许温升而规定的电压值，以伏（V）或千伏（kV）为单位。变压器的额定电压有初级额定电压 U_{1N} 和次级额定电压 U_{2N}。U_{1N} 指初级应加的电源电压，U_{2N} 指初级加上 U_{1N} 时副绕组的空载电压。应该注意，三相变压器初级和次级的额定电压都是指其线电压。使用变压器时，不允许超过其额定电压。

2. 额定电流

额定电流是根据变压器允许温升而规定的电流值，以安（A）或千安（kA）为单位，变压器的额定电流有初级额定电流 I_{1N} 和次级额定电流 I_{2N}。同样应注意，三相变压器中的 I_{1N} 和 I_{2N} 都是指其线电流。使用变压器时，不要超过其额定电流值。变压器长期过负荷运行将缩短其使用寿命。

笔记栏

3. 额定容量

变压器额定容量是指其次级的额定视在功率 S_N，以伏安（VA）或千伏安（kVA）为单位。额定容量反映了变压器传递电功率的能力。

S_N 和 U_{2N}、I_{2N} 间的关系，对于单相变压器为

$$S_N=U_{2N}I_{2N}$$

对于三相变压器为

$$S_N=\sqrt{3}U_{2N}I_{2N}$$

4. 额定频率 f_N

我国规定标准工频为 50Hz，有些国家和地区则规定为 60Hz，使用时应注意。改变使用频率会导致变压器某些电磁参数、损耗和效率发生变化，影响正常工作。

5. 额定温升

变压器的额定温升是以环境温度为＋40℃作参考，规定在运行中允许变压器的温度超出参考环境温度的最大温升。

即测即评

一、填空题

1. ________是表示媒介质对磁场强弱的影响的物理量。
2. ________表示磁场中某点磁场的强弱和方向。
3. 若忽略空气漏磁通，则可近似认为通电线圈磁场全部集中在铁芯内，这种集中在一定路径内的磁场称为________。
4. 涡流在铁芯内循环流动，在铁芯电阻产生的热消耗称为________。
5. 铁芯线圈在磁感应强度上升时从电源吸收的电能大于在磁感应强度下降时释放的能量，即铁芯线圈损耗一部分电能，称为________。
6. ________是一种变换交流电压的电磁设备。
7. 变压器按电能变换相数分为________和________。
8. 在同一磁通作用下，感应电动势极性相同的点（或瞬时极性相同的点）叫________。

二、单选题

1. 高频半导体收音机中的磁棒材料是（　　）。
A. 软磁材料　　B. 硬磁材料　　C. 矩磁材料　　D. 非矩磁材料
2. 计算机中的存储器的磁心材料是（　　）。
A. 软磁材料　　B. 硬磁材料　　C. 矩磁材料　　D. 非矩磁材料
3. 变压器中，（　　）功能主要用于输、配电电路。
A. 变换电压　　B. 变换电流　　C. 变换阻抗
4. （　　）能输出不同电压，广泛应用于实验室。
A. 自耦变压器　　B. 电流互感器　　C. 电压互感器
5. （　　）的作用是使用小量程电流表测量大电流。
A. 自耦变压器　　B. 电流互感器　　C. 电压互感器

三、多选题

1. 自然界物质按相对磁导率不同可分为（　　）。
A. 顺磁物质　　B. 反磁物质　　C. 铁磁物质　　D. 超体
2. 根据铁磁质材料的剩磁大小不同，可将铁磁质材料分为（　　）。
A. 软磁材料　　B. 硬磁材料　　C. 矩磁材料　　D. 非矩磁材料
3. 利用涡流工作的设备或场合有（　　）。
A. 高频感应炉冶炼金属　　B. 电磁炉
C. 开关门　　D. 无接触探伤
4. 交流电磁铁的结构组成包括（　　）等。
A. 线圈　　B. 铁芯　　C. 衔铁
5. 变压器按铁芯结构形式可分为（　　）。
A. 叠层式　　B. 壳式　　C. 心式
6. 变压器的作用是（　　）。
A. 变换电压　　B. 变换电流　　C. 变换阻抗
7. 三相变压器中的高、低压绕组，最常用的三种连接方法是（　　）。

A. Y，yn　　B. Y，d　　C. YN，d　　D. YN，yn

8. 常用的特殊变压器有（　　）。

A. 自耦变压器　　B. 电流互感器　　C. 电压互感器

9. 若不知道两线圈的绕行方向，可用（　　）测定。

A. 交流法　　B. 直流法　　C. 直接法　　D. 间接法

10. 变压器变比测定的考核要求包括（　　）。

A. 无错装、漏装　　B. 测量值在误差允许范围之内

C. 器件无丢失或损坏　　D. 正确使用电流表、万用表

11. 变压器变比测定中，实验器材有（　　）等。

A. 自耦变压器　　B. 单相变压器　　C. 万用表　　D. 电流表

四、判断题

1. 磁感应强度是矢量，其大小表示磁场中某点磁场强弱，其方向表示该点磁场方向。（　　）

2. 任一物质的磁导率与真空磁导率的比值称为相对磁导率。（　　）

3. 磁通量只能反映大小，是标量。（　　）

4. 磁通量与磁感线的关系是穿过某面积的磁感线数量越多，该面上的磁通量越大。（　　）

5. 磁场强度和磁导率共同决定磁场强弱。（　　）

6. 磁通等于磁动势与磁阻的比值。（　　）

7. 直流磁路的特点是磁动势一定，磁通与磁阻成反比。（　　）

8. 交流磁路的线圈中会产生感应电动势，而直流磁路中不会产生感应电动势。（　　）

9. 交流磁路的特点是当外加电压、频率与线圈匝数确定后，主磁通就确定了。（　　）

10. 从公式 $U=E=4.44fN\Phi_m$ 看出，当电源电压 U 一定时，只要线圈匝数 N 一定，其主磁通 Φ_m 也一定。若其他因素变化，也不应随之变化。（　　）

11. 变压器中，与电源连接的线圈称为原绕组、初级绕组或一次绕组。（　　）

12. 变压器中，与负载连接的线圈称为副绕组、次级绕组或二次绕组。（　　）

13. 变压器中，原/次级电压之比等于原/次级线圈匝数之比。（　　）

14. 壳式铁芯一般用于小容量变压器，心式铁芯一般用于大容量变压器。（　　）

15. 三相变压器一般用于电力传输系统，具有容量大、电压高等特点。（　　）

16. 变压器的额定容量 S_N 是指额定状态下变压器输出视在功率的保证值。（　　）

17. Y，yn 接法即高压绕组星形联结，低压绕组也是星形联结，且带中性线。（　　）

18. 如果绕组绕行方向已知，则同名端的判别方法是假设从两线圈的任意两端分别通入电流，如两电流产生的磁场方向一致，则这两端为同名端，否则为异名端。（　　）

参考文献

[1] 韩雪涛．图解电工快速入门（视频版）[M]. 北京：机械工业出版社，2018.

[2] 陈菊红．电工基础 [M]. 5 版．北京：机械工业出版社，2020.

[3] 王亚敏．电工基础 [M]. 北京：机械工业出版社，2019.

[4] 赵承荻，王玺珍．维修电工考级项目训练教程 [M]. 2 版．北京：高等教育出版社，2019.

[5] 史仪凯．电工技术 [M]. 4 版．北京：高等教育出版社，2021.

图书在版编目（CIP）数据

电工技术项目化教程/王选，席艳主编. -- 北京：中国人民大学出版社，2025.5. --（新编21世纪高等职业教育精品教材）. -- ISBN 978-7-300-34055-5

Ⅰ. TM

中国国家版本馆CIP数据核字第2025MX0215号

新编21世纪高等职业教育精品教材·装备制造类

电工技术项目化教程

主　编　王　选　席　艳

副主编　孙丽君　郑　红　刘　璐　牟少芳

参　编　单英杰　张月桥　杨延峰　赵　倩

　　　　李存方　张　旭　汪彦慧　马时凯

Diangong Jishu Xiangmuhua Jiaocheng

出版发行　中国人民大学出版社

社　　址　北京中关村大街31号　　　**邮政编码**　100080

电　　话　010－62511242（总编室）　　010－62511770（质管部）

　　　　　　010－82501766（邮购部）　　010－62514148（门市部）

　　　　　　010－62511173（发行公司）　010－62515275（盗版举报）

网　　址　http://www.crup.com.cn

经　　销　新华书店

印　　刷　中煤（北京）印务有限公司

开　　本　889 mm×1194 mm　1/16　　**版　　次**　2025年5月第1版

印　　张　12.25　　　　　　　　　　**印　　次**　2025年5月第1次印刷

字　　数　327 000　　　　　　　　　**定　　价**　45.00元
